四時悠然

藏在二十四节气里的中国智慧

张 治——编著

LEISURE IN THE
FOUR SEASONS

敦煌文艺出版社

图书在版编目（ＣＩＰ）数据

四时悠然 ： 藏在二十四节气里的中国智慧 / 张治编著
. -- 兰州 ： 敦煌文艺出版社，2022.12
ISBN 978-7-5468-2298-3

Ⅰ．①四… Ⅱ．①张… Ⅲ．①二十四节气—普及读物
Ⅳ．①P 462-49

中国版本图书馆CIP数据核字（2022）第 233776 号

四时悠然:藏在二十四节气里的中国智慧

张 治 编著

李 旺 梁 健 绘图

封面题字:霍春阳
治印 书法:梁旭华 王少杰
责任编辑:田 园
装帧设计:马吉庆

敦煌文艺出版社出版、发行

地址：（730030）兰州市城关区曹家巷 1 号新闻出版大厦

邮箱：dunhuangwenyi1958@163.com

0931-2131556（编辑部）

0931-2131387（发行部）

广西昭泰子隆彩印有限责任公司印刷

开本 787 毫米×1092 毫米 1/16 插页 4 印张 12.75 字数 120 千

2023 年 4 月第 1 版 2023 年 4 月第 1 次印刷

印数 1~4 000 册

ISBN 978-7-5468-2298-3

定价: 78.00 元

序

陈圭东

　　壬寅立春日，2022北京冬奥会举行，开幕式上，中国的二十四节气惊艳世界。以节气为序的倒计时，在冬奥舞台上向全球观众展现了中国式的浪漫，也将中国的节气之美传递到五大洲的每个角落。

　　二十四节气文化是中华优秀传统文化的杰出代表，其独特的魅力闪耀着中华优秀传统文化的光辉，是中华民族千百年来与自然和谐相处的智慧结晶。几千年前，我们的祖先在生产实践中俯仰天地，品察万类，总结规律，学会了与岁月相处，给无形的光阴雕上了极富规律的刻度，以其为尺墨，指导农事和生活，逐渐融合演进成为沿用至今的二十四节气。二十四节气不仅是中国农耕文明的时序指南，也是中国多民族、多地区的生活时间坐标，是中国人自然哲学观念的生动体现。

　　二十四节气讲的是光阴故事，记录的是自然规律，是中国人思考人与自然关系的智慧结晶。这一镌刻着农耕文明印记、跳动着传统文化脉搏的古老认知，在今天依然闪耀着基于感性的理性光芒。正因如此，2016年11月30日，我国申报的"二十四节气——中国人通过观察太阳周年运动而形成的时间知识体系及其实践"被正式列入联合国教科文组织人类非物质文化遗产代表作名录。

　　二十四节气文化在当今人们的生产和生活中依然具有很强的指导意义，依然闪耀着熠熠光辉。这就需要我们深入挖掘、梳理和阐释，并通过系统传播使人们深刻理解其内涵和特质，更好地服务于我们当下的生产和生活。在这一进程中,媒体和媒体人扮演着重要的角色,发挥着重要的作用。

天津媒体人张治热爱中华传统文化,曾在北京师范大学系统学习国学和管理哲学,并把所学、所思应用到传媒工作和实践中。自2019年开始,由其主导的团队连续四年对二十四节气文化及其内涵进行媒体传播,策划推出了"四时之美""四时风物""四时佳兴"等系列主题专刊,还在二十四节气申遗成功五周年纪念日推出"四时华章"等纪念特刊,以媒体人之识之力,持续、系统地传播节气文化。不仅如此,他还将近几年的积累编撰成二十四节气文化书籍——《四时悠然——藏在二十四节气里的中国智慧》,旨在进一步传播以二十四节气为代表的中华优秀传统文化。本书包含"小语""本草"与"风物"等板块,多维度展现了二十四节气文化的特质与内涵,并以写实的笔触、精美的插图表达出对节气之美的感念与致敬。

作为联合国教科文组织保护非物质文化遗产领域的参与者,看到中国二十四节气成功申遗并越来越为世人所关注,我颇感欣慰。看到像张治这样的媒体人持续关注节气文化,长期传播节气文化,更是无比高兴,在本书付梓之际深表祝贺,也希望有更多的有识之士,更多关注和参与到中华优秀传统文化的挖掘、梳理、整合、传播工作中,展现中华优秀传统文化的自信和生命力。

《四时悠然——藏在二十四节气里的中国智慧》这本书,悠然着二十四节气的久远、深邃、辽阔和不尽的韵味,悠然于对自然规律的认知和精准把握,以及由此给人们带来的欢乐、健康、启迪与从容不迫。让我们开卷有益。

于南开大学东方艺术系

2023 年元月

陈聿东　南开大学东方艺术系教授、文化和旅游部国家级非遗项目专家评委、国际艺术交流协会主席、南开艺术校友会常务会长、甲子曲社社长。

目录

Contents

四時悠然

LEISURE IN THE
FOUR SEASONS

立春 *spring*

风和日暖 彩燕青旗

立春日

宋·杨万里

何处新春好　深山处士家

风光先苣柳　日色款催花

·小语·

　　时序更替，又是一年春早。春夏秋冬，四时成岁，而人们最喜欢的季节应该是春天。《尚书·大传》说，"春，出也，万物之出也。"寓意风和日暖，万物生长。

　　立春，意味着冬季的结束、春季的开始，也标志着二十四节气一个轮回的开启。

　　"律回岁晚冰霜少，春到人间草木知。"每到岁末年初这个时节，家中一盆养了多年的蟹爪兰就如期含苞吐萼。十几朵粉嫩嫩的小花在冬日暖阳的映照下竞相绽放，以其旺盛的生命力为春节增添喜庆气氛。

　　"等闲识得东风面，万紫千红总是春。"一年之计在于春，春天是美好的，春天是快乐的，春天也是催人奋进的，春天孕育着新的希望，让生活中一切美好都从立春开启吧！

四时悠然

LEISURE IN THE

FOUR SEASONS

春 卷

　　立春是二十四节气之首,也标志着春季的开始。一年之计在于春,立春受重视的程度很高,它不仅是一个节气,而且成为一个备受关注的重大节日,民间有"立春大如年"的说法。

　　立春的习俗有很多,既有饮食上的吃春卷、春盘、春菜、春饼、春酒以及"咬春"吃萝卜,还有说春、占春及迎春礼等。迎春礼是立春前的重要活动,在立春前一日把春天和句芒神接回来,迎春礼设春官,并预告立春时间。立春日"咬春"是民间立春习俗的重要内容,唐《四时宝镜》记载:"立春,食芦、春饼、生菜,号春盘。"可见,唐代人在立春日已经开始吃春食、迎春日了。"咬春"的方式不同地区各有不同,北方多以吃春饼、卷春菜方式来"咬春",也有吃萝卜的,食材不一,但都借"咬春"之俗,庆祝春天的到来,也祈愿一年顺遂、家人康健。立春往往和春节临近,春节时家家要贴的年画中也有不少立春的题材,极具特色的杨柳青年画中就有不少立春题材的作品,包括反映立春民俗"鞭打春牛"的《春牛图》等。

　　天津的立春习俗主要与吃相关,包饺子、炒合菜、吃春饼。"迎春饺子打春面",天津人立春日的饺子,其馅料大有讲究,要用北方冬春最具代表性的蔬菜——萝卜做馅;炒合菜与春饼是搭配着来的,将韭黄、粉丝、豆芽菜、嫩菠菜炒在一起,再搭配薄而香的春饼,这才是天津人立春日不可缺少的滋味。

渤海湾的风受暖温带大陆性季风气候影响，立春后常刮西南风。初春的西南风一阵阵吹来，眼见着海面上的冰凌像撒了气的皮球一般消融，随着海疆复苏，渔民开始忙了起来。当海边的凌排被潮水撕开了缝隙，就能见到从海河河口东沽码头出来的渔船用大捞罾捕捞梭鱼。虽然春风温暖，但吹在人身上还会感到劈头盖脸的寒冷。渔船上有人在船尾摇棹，有人守在船头驾起一张大捞罾，罾起罾落间，在水中游弋的梭鱼便被他们捞了上来，成了天津人过年餐桌上的一道美味。

梭鱼像恋家的孩子，常年成群结队地游弋在浅海水域。梭鱼每个季节又有不同的品质，天津人喜欢得不得了，还给每个季节的梭鱼贴上不同的标签，初春叫开凌梭，麦黄时叫麦黄丁，秋天叫高粱红，入冬时叫滚浆梭。在寒冷的冬季，梭鱼的身体被裹上了一层厚厚的黏液，它们也不会远离海岸，被冰层赶着不得已时才会躲到水中稍深一些的地方，等到冰凌消融后，就会顶着凌碴义无反顾地向海边猛冲上来，最后成为人们开年的第一道美味。

本草

"望梅止渴"的"梅"是什么梅

人们都知道"望梅止渴"的故事。话说曹操带兵出征,时值盛夏,军士们途中干渴难耐,而附近又没有河流水源,加上行军劳累,大家士气低落。眼见口渴已经影响军心,曹操放马高坡,忽然心生一计,便挥鞭说前面有梅林,速速前行。军士们想到梅子,条件反射流出口水,便抖擞精神,加快了行军的速度。关于"梅"的典故有很多,诗词涉及梅的种类也很多。

梅可是个大家族。梅分果梅和花梅两大类,13个种群,有300多个品种。果梅大致有白梅、青梅和花梅3个大的种群。白梅果实为黄白色,味道微苦,核大肉少,可用来制梅干;青梅果实为青色或青黄色,味酸,可用来制作蜜饯;花梅果实呈红色或紫红色,质细脆而味稍酸,可用来制作陈皮。每年5月、6月,中国南方长江中下游地区都会出现持续天阴有雨的气候现象,而此时正是江南梅子黄熟之时,故称其为"梅雨"或"黄梅雨",这"梅雨"正是果梅之梅。"望梅止渴"故事中的梅应是青梅。古人称"梅"一般指青梅。沈括在《梦溪笔谈·讥谑》中下了结论:"吴人多谓梅子为'曹公',以其尝望梅止渴也。"

立春

花梅的种类就更繁多了，主要分为直角梅、照水梅、龙游梅和杏梅。文人墨客踏雪而寻的梅则多是花梅一类。花梅品性高洁，与兰花、竹子、菊花一起列为"四君子"，也与松树、竹子一起被称为"岁寒三友"。在古代的诗文中，有不少咏梅之作，如"万树寒无色，南枝独有花""更无花态度，全有雪精神"……

梅不仅花美品高，还是花中寿星，树龄最长超过千年。比如湖北黄梅县有一棵1600多年的晋梅，至今仍然岁岁开花。

梅不仅可以品赏，其花、根、叶、果、仁均可入药。其花蕾，入药称"梅花"，有疏肝解郁、和中化痰的作用。果实入药称为"乌梅"，其质酸性平，可生津液，止烦渴，入肺经能敛肺气止咳，入大肠经能涩肠止泻。

梅，开百花之先，独天下而春，是传春报喜的象征。梅具"元亨利贞"四德。花开五瓣，象征五福。梅凌寒斗雪，不畏风霜，其高洁、坚强、谦虚的品格也是我们中华民族精神品质的象征。

立春三候：初候东风解冻，二候蛰虫始振，三候鱼上冰

立春之后，天气乍暖还寒，人体对寒邪的抵抗力有所减弱，所以要特别注意春季的保暖。春主生发，万物处于复苏过程，此时五脏属肝，适宜升补。

🍜 热粥揩足暖身

饮食方面，每天早上或中午吃粥，可以消散冬季积累下来的邪毒，推陈出新，协助身体内生的阳气与天地间逐步增强的阳气保持平衡。

人们常说"春捂秋冻"，但春天的"捂"完全不同于冬季的"严包死裹"来把阳气包藏在体内，而是要有选择地让内里的阳气有所输出，所以春"捂"要更注重于下半身的保暖。

🕯 每天梳头百下

《养生论》说："春三月，每朝梳头一二百下。"春季每天梳头是很好的养生保健方法。弯曲十指，以指代梳从前发际向后一直梳到后颈，并在头顶、头侧轻轻敲打。我们的手指本身是温热的，并且还能灵敏地控制施加在头顶的压力，如此多梳几次，手足六条阳经加上督脉都被按摩刺激到了，有利于身体阳气的通达。

🥢

🈁 春季阳气初生，饮食的调养除了注意升发阳气，还要投脏腑所好，应适当吃些甜味。食物可选择辛温发散的葱、香菜、花生、韭菜、虾仁等，这些食物既可疏风散寒又能杀菌防病。

🈲 春天是疾病易复发的季节，饮食要清淡，不宜吃酸收之味。少食辛辣以及油炸、烧烤的食物，避免损耗阳气，导致上火。

雨水 *Rain water*

春浅香寒 润物无声

春夜喜雨

唐·杜甫

好雨知时节　当春乃发生

随风潜入夜　润物细无声

　　雨水，是二十四节气中的第二个节气，含义为降雨开始。

　　"好雨知时节，当春乃发生。随风潜入夜，润物细无声……"唐代诗人杜甫的《春夜喜雨》脍炙人口，它表达了人们对春天雨水的喜爱。春天的雨水是有感情的，它知晓时节，善解人意；是有品格的，它悄然而至，润物无声；是有节操的，它不求回报，默默奉献，滋润着万物。

　　庄子说，"与人为善，与物为春。"春天是万物生长的季节，释放暖意、催生希望、呵护生命的气息。"万物静观皆自得，四时佳兴与人同。"雨水是春色始发、春意已现的节气。"我见青山多妩媚，料青山见我应如是。"因为内心温暖如春，虽残寒缠绕脚步，我们必会见到青山依旧，山河壮美、繁花似锦、春意盎然。

　　期盼着，滴滴甘露润化万物，丝丝喜雨荡涤心灵。期盼着，春雨肥饶养发新生，东风送畅煦和景明。期盼着，天人皆善与物同春，凡尘皆美春常心中。

　　孟春之际，雨水节气总会如约而至。名曰雨水，但北方却是春雨贵如油，真正的降雨少见。民间祈愿总是希望一年能风调雨顺，春雨珍贵也是因为其能滋润大地，利于耕作。作为一年之中第一个与农事生产相关的节气，雨水节气很多习俗与耕作相关。

　　北国，雨水节气刚过，铺天盖地的春雪仍然不时造访。听一场春雪的降临，总是让人充满希望。在这白雪飘飞的时刻，大地一片迷茫。雪花旋转，宛若万千的精灵踩着"千万雪花，竞相开放，万千你我，汇聚成同一个家"的曲子起舞。那晶莹剔透的雪花，在春寒中贴在农舍屋顶，靠着窗棂倾听坐在热炕头的农人的感慨。那些落在黄土地上、院落里的雪花，装扮着人的心境，把一季的愿望化作农人心中妙曼的乐曲。此时此刻，空气被雪花洗得干干净净、清清爽爽。房屋、山川、河流瞬间白了头。大片大片的雪，梨花一样伫立在枝头。谁说北国没有春天？

　　南方春早、溪水初涨、小溪旁的垂柳冒出嫩黄的柳絮，像是少女披着一件淡黄色的薄纱。田艾、荠菜、灰灰菜、水芹菜等各种野菜长势喜人，鲜嫩欲滴，每到此时，便是采野菜的时候了。冬歇的稻田上，小草从干枯的稻秆底下探出头来，像是刚醒来，睡眼惺忪地伸起了懒腰。细雨蒙蒙，村前的小溪、老井，村道上的冬青树，地里的玉米树，坡上的黄牛……目之所及，一切都清新如洗。山村早春的景象，让人想起清末女诗人刘文嘉的《早春喜雨》："墙头柳色见微黄，门外清溪碧玉光。已觉东风到穷巷，一畦春雨野蔬香。"

此时，华南客家人有占稻色的习俗，当地通过爆炒糯米花来祈愿这一年的收成和稻谷的质量——爆出来白花花的糯米越多，意味着今年稻谷收成越好。"花"与"发"发音相近，也寓意着年成丰盈。有些地方的客家人甚至还用爆米花供奉天官与土地官，祈求风调雨顺、五谷丰登。在古时，雨水调和，年景富足，还关系到小孩子的健康成长。在四川，还有雨水节气"拉保保"（拜干爹）、回娘屋等习俗。父母为了避免孩子夭折，所以就在雨水这天拜干爹，借助干爹的福气来荫庇孩子。出嫁的女儿在雨水这一天要带上罐罐肉、椅子等礼物回娘家拜望父母，以报答父母的养育之恩。结婚没怀孕的妇女，回娘家后，母亲要为她缝制一条红裤子，祈求来年能喜得贵子。

天津人雨水习俗不是很多，但雨水节气往往是在正月的末端，离填仓节比较接近。天津人过填仓节，有"填仓填仓，干饭鱼汤"的说法。

为什么要喝鱼汤呢？旧俗此日也是祭仓神的日子，传说人们在这天只能喝鱼汤，而要把鱼留给小猫吃，意思是让猫捉老鼠，让粮仓不被老鼠咬。除了鱼汤，还有的人家要吃饺子或合子，他们把吃饺子叫"填仓"，把吃合子叫"盖仓"。

辛夷木笔香似兰

"木末芙蓉花，山中发红萼。涧户寂无人，纷纷开且落。"这是盛唐诗人王维写的《辛夷坞》诗句。辛夷花于早春开放，它虽然没有浓郁的芳香，却散发着沁人心脾的清新气息。辛夷同玉兰的枝形、花形相近，而较玉兰小，辛夷是先花后叶，生性强健，若在玉兰丛中配植一些辛夷花，花开红白相间，更添情趣。

辛夷为辛温解表的常用中药，来源于木兰科多种植物的花蕾。人们更熟悉的名字是木兰或玉兰。2010版《中国药典》中收录有望春花、玉兰和武当玉兰三个品种。

民间还有一则关于辛夷花的传说。古时有一位姓秦的举人，鼻孔常年流鼻涕，其味腥臭难闻，连妻子也嫌他。他一时想不开，想寻短见。此时，一位过路樵夫劝他，蝼蚁尚且偷生，以举人的才华，白白死了实在值不得，不如外出求医。于是举人到了南方一个夷族(今彝族)人生活的地方，夷家大夫对他说，这种病好治，于是便到山外采回一种像写字的毛笔形状的花蕾药材，经半个月煎汤服用，终于痊愈。举人回家时，还带回一把这种药材种子种在屋后面，表示不忘夷胞治病之情。此后，凡是患这种病的人都向举人求治，他治好不少患者。有人便问这是什么药，他当时只记得是辛亥年间从夷人那里取来的，便随口说是"辛夷"。由此，这味辛夷的药名就传开了。

辛夷又因何而得木笔花之称的呢？据唐代吴融说："嫩如新竹管初齐，粉腻红轻样可携。"辛夷因花蕾密生短柔毛，恰似饱蘸朱砂的笔端，所以得了一个富于诗意的雅称——木笔。《蜀本草》中也称辛夷为木笔花。

辛夷花为木兰科植物，落叶灌木，原产于我国中部。辛夷花虽然不是名花，却在医疗上是不可或缺的一味常用中药。辛夷在《神农本草经》中被列为上品。中医药认为，辛夷花有祛风、通窍的功能，对头痛、清脑、鼻渊、流浊涕、鼻窦蓄脓、鼻不通、齿痛等症有良好的疗效。辛夷花为古今治疗鼻炎的重要药物，如《济生方·苍耳散》《证治准绳·芎劳散》，都是以辛夷花为主要药物配制而成治疗鼻炎的良方。

雨水时令，三月辛夷迎春来。"谁信花中原有笔，毫端方欲吐春霞。"一树树花开，浮动着暗香。最美的，不是春天花开的绚丽，而是经年以后，还在为世人的健康守望相助，并被人们津津乐道而念念不忘。

天街小雨润如酥
草色遥看近却无
最是一年春好处
绝胜烟柳满皇都
韩愈诗 田迎作

雨水三候：初候獭祭鱼，
二候鸿雁来，三候草木萌动

养生

雨水节气的到来，代表寒冬降雪天已经过去，此时雨量渐增，要注意固护脾胃。寒湿之邪最易困着脾脏。同时湿邪缠绵，难以祛除，故雨水前后应当着重养护脾脏。春季养脾的重点首先在于调畅肝脏，保持肝气调和顺畅，同时少食生冷之物，以固护脾胃阳气。

疏肝健脾

《千金方》记载："春七十二日，省酸增甘，以养脾气。"中医认为肝主升发，故春季肝气旺盛，肝木易克脾土，所以春季要疏肝，疏肝的目的在于健脾。脾为后天之本，是人健康长寿的基础。《素问》中说："夫五味入胃，各归所喜。故酸先入肝，苦先入心，甘先入脾，辛先入肺，咸先入肾。"因此，雨水时节应少吃酸味，适量增加甘味，以养脾脏之气。

预防倒春寒

雨水时节不仅表明雨水增多，还表示气温升高，此时人们容易盲目减少衣物。但降雨多易引起气温的骤变，预防"倒春寒"就十分必要。此时"春捂"的重点："捂"头颈与双脚，可以避免感冒、气管炎、关节炎等疾病发生。

雨水节气常会出现皮肤及口舌干燥、嘴唇干裂等现象，应多吃大枣、山药、莲子、韭菜、菠菜等新鲜蔬菜和多汁水果以补充人体水分。药物调养则要考虑脾胃功能的特点，用生发阳气之法调补脾胃，可选用沙参、西洋参、决明子、白菊花等。

雨水节气应少食油腻和酸味食物，忌吃生冷性食物，在这段时间有饮酒习惯的也要减少一些饮酒量。

惊蛰
Insects awaken

春雷启蛰 微雨青苔

田家四时

宋·梅尧臣

旺夜春雷作 荷锄理南陂
杏花将及候 农事不可迟
蚕女亦自念 牧童仍我随
田中逢老父 荷杖独熙熙

小语

　　惊蛰是二十四节气中唯一一个以动物习性命名的节气。"雷动风行惊蛰户，天开地辟转鸿钧。"蛰时，虫醒；雷鸣，物生。四季轮转，到了惊蛰节气，雷、虫和土地才从静止变化为动态。此时，阳气上升，气温回暖，万物开始生命的孕育生长，大自然活力再现。

　　"微雨众卉新，一雷惊蛰始。"同时，春耕伊始，田间地头又是一片生机勃勃的繁忙景象。唐代大诗人白居易的"几处早莺争暖树，谁家新燕啄春泥"，描绘出莺歌燕舞、鸟语花香、生机盎然的大好春色。

　　"幽蛰蠢动，万物乐生。"伴随着时节的变化，人体内的肝阳之气也在不断上升。春天的养生原则也应适时而调，顺乎自然，将自身的气血、情志调理得如春天一样顺达、舒展，使自己的身心与大自然和谐一致，从而达到管子说的"人与天调，然后天地之美生"的从容境界。

　　惊蛰节气将处于静止状态的一切生命唤醒，劳作、繁衍、生息，赋予它们生命的自觉和生长的勇气，大自然因而欣欣向荣、充满活力。

冰糖雪梨

春天的节气大多是温暖和煦的，只有惊蛰节气，带着惊天动地的风雷气势。节令就是命令，雷动唤地气，蛰伏的虫蛇也挨过寒冬，苏醒过来。蛰虫惊醒也预示着农忙时节的到来，要准备春耕春种了。农谚说："过了惊蛰节，春耕不能歇。"田间地头，农民扬鞭催犁、清沟排渍、育苗施肥……一切都按照时令节气有序地进行着。乡村的惊蛰，寄托着农民对丰收的希望。

雷声隆隆似天鼓。在惊蛰这一天，人们相信是蒙鼓皮的好日子，这天蒙鼓皮，鼓声会像天雷一样响彻天地。所以在惊蛰日就有祭雷神、蒙鼓皮的习俗，表达敬畏自然和顺应天时之意。作为一年耕作之始，惊蛰自然少不了农桑之俗，压惊枝便是其一。为了不让天上打雷惊到正在开花的桃李，勿把花朵惊掉影响收成，人们会找来石块压在果树的枝丫上，以保丰收。此外，惊蛰还有驱虫、打小人和吃梨的习俗，都含有期盼作物丰收、人们健康安然的美好愿望。《本草纲目》上说，"梨甘而微酸，性寒而无毒。"符合春季养生要求，有的地方还有吃梨和疾病分离的说法。在春寒料峭的惊蛰节气，这个风俗是一味多么美好的良方。在期盼健康的同时，也要进行有针对性的调养。惊蛰时节也是人们调养自身以应春时的关键时期，《黄帝内经》中说："春三月，此谓发陈。天地俱生，万物以荣。夜卧早行，广步于庭。被发缓形，以使生志。"春季万物复苏，应该早睡早起，大步缓行，放松心情，以使精神愉悦。

　　已是仲春，桃花夭夭，天津人此时喜欢外出赏花，享受春光。"九九"暖阳之下，柳绿桃红，风景宜人，渤海湾生机盎然，渔谚"二月（公历三月）桃花蚶，吃了醉神仙"吊足了天津人的胃口。这时，农田里的羊角葱与海滩上的海鲜呼应起来，人们用嫩绿的羊角葱拌蚶子吃，这并不是醉倒神仙的神话，而是这个季节渔家菜里透出的诱人的鲜香。在渤海附近海域，浑身长着绒毛的毛蚶，因为贝肉殷红又被称为红蚶子，最简单好吃的方法是用淡水把它煮熟，俗称"张嘴蚶子"。蚶子煮熟后两壳张开，恰如朵朵桃花盛开，美艳与鲜香并存，与春天的气息特别"搭调"。

诸葛菜——诸葛亮的菜?

春天的田间地头有一种人们常见的植物,植株葱茂,绿叶蓝花,似飞舞在叶间的蓝紫蝴蝶,甚是靓丽。因花色蓝紫,其状又接近兰花,故被称为"二月兰(蓝)",它还有一个名字——"诸葛菜"。诸葛菜和诸葛亮有什么关系?它是诸葛亮的菜?

诸葛菜还真与诸葛亮有些渊源。相传三国时期,诸葛亮辅佐蜀汉幼主刘禅,曾六出祁山伐魏。在一次征战中,突遇粮草接济不上,此乃军中大事,关乎战局成败。诸葛亮一边命手下催粮,一边苦思对策以解燃眉之急。诸葛亮行至山野,发现一种野菜,它的叶子和茎都能吃,还可制成腌菜,青黄不接时,当地人就是靠这种野菜度日的。诸葛亮借此野菜度过了缺粮危机,此后这野菜便得名"诸葛菜"。又因它在农历二月前后开蓝紫色花,也称为"二月兰(蓝)"。

诸葛菜在植物分类学中属于十字花科,属一年生或二年生草本植物,常野生于平原、山地、路旁、地边或杂木林边缘,是早春常见野菜。诸葛菜营养丰富,蛋白质、脂肪、钙、铁、胡萝卜素和维生素C的含量较高,蛋白质营养价值优于多数豆科芽苗菜和野菜。诸葛菜,清香、微苦,食用时可凉拌、可清炒、可做汤,还可做馅料。其种子可榨油，茎叶还可直接作饲料用。这么出类拔萃的野菜，也许就是诸葛亮选其为军粮的原因吧。

此外，诸葛菜还可以入药，其性平，味辛甘，无毒，有开胃下气、利湿解毒的功效，可治食积不化、黄疸、热渴、热毒风肿、疔疮、乳痈等病症。它高含量的亚油酸具有降低人体内血清、胆固醇和甘油三酯的功能，并可软化血管和阻止血栓形成，是治疗心血管疾病的良药。由于含有丰富的维生素、微量元素和胡萝卜素，可以有效增强身体的免疫力。青少年和儿童多吃一些诸葛菜，可以增强体质，提高身体的抗病能力。

早春时节，开着绚丽蓝紫花瓣，扮靓了大地，平添了春色，虽是野菜，但也是备受人们的喜爱和推崇。季羡林老先生就曾写过一篇叫作《二月兰》的文章，夸赞此花说："应该开时，它们就开；该消失时，它们就消失。一切顺其自然，自己无所谓什么悲与喜。"

斗蟋图

惊蛰二候，仓庚鸣始化为鸠。

候鸟嗳呀，斗陵鸠化为鸠。

惊蛰，春风送暖，桃花开，黄鹂鸣。人体也顺应天时，多做户外运动，逐渐排出体内淤积的毒素。

扶正排毒 调神养气

惊蛰时，虫邪(中医指各种皮肤病、传染病、寄生虫病等)"苏醒"了，也就是说这个时节起各类皮肤病、传染病开始进入高发期，此时如果不注意提高自身免疫力，就容易患上各种皮肤病，甚至一些传染性疾病，故扶正排毒是这个节气的养生关键。此外，惊蛰也进入了万物复苏的时刻，调神养气变得格外重要。亲近自然以调神，最主要的就是要接近大自然。春暖花开的季节，可常到大自然中去呼吸新鲜空气，常食含叶绿素多的蔬菜、水果，以达到养生的效果。

顺时调养

中医强调要顺势而为，遵循节气规律来养生。因此，惊蛰时需注意滋阴清热，帮助阳气外达。人体肝火过旺会影响心脏，火邪容易滞留在两腋，人体腋窝顶点处有一个穴位，叫极泉穴，它是手少阴心经穴位之一，按摩此穴，可有效滋阴降火。手部按捏在腋窝处，然后轻缓按捏3至5分钟便可。

搓脸这个简单的动作也可帮助体内阳气外达。先把两手放在嘴边呼气，使手变暖，然后趁着这股热气马上摩擦面部，直至脸稍稍发热。长期坚持搓脸能沟通体内外的阳气。

惊蛰的饮食原则是保阴潜阳，多吃清淡食物，也可以适当选用补品，以提高人体的免疫力，还可适当食用一些具有调血补气、健脾补肾、养肺补脑等作用的食疗粥或食疗汤来增强体质。

惊蛰阳气始动，寒冷食物容易损害人体生理之火，故不宜过多食用冷饮、寒凉水果、生冷海鲜等。饮食中慎食酸性药食，以免妨碍气血运行。

春分 *Spring Equinox*

阴阳和时　万象更新

春日田家

清·宋琬

野田黄雀自为群　山叟相过话旧闻

夜半饭牛呼妇起　明朝种树是春分

·小语·

　　对于北半球的人来说，春分节气意味着春天开始。"东风随春归，发我枝上花。"春天催发在嫩绿树枝上，传递出草木苏醒的信息。《春秋繁露》说："春分者，阴阳相伴也，故昼夜均而寒暑平。"春分，平分了昼夜，白天和黑夜长度相等；平分了寒暑，实现了冷和热的均衡。此时，春气调和，万物新生，正是一年之中春耕春种的大好时节。二十四节气和农耕农时相得益彰，又与大自然配合得恰如其分。这种天人合德的理想，打通了人与自然界，从而实现了"参赞天地之化育"的和谐境界。

　　"等闲若得春风顾，不负时光不负卿。"春分是一个充满生机且富于挑战、心情舒畅且辛勤忙碌的节气，让我们珍惜春光、享受春光、不负春光……

四时
悠然

LEISURE IN THE
FOUR SEASONS

春笋

"天将小雨交春半,谁见枝头花历乱。"
春分是二十四节气中最早被确立的节气之一。
时至春半,我国大部分地区也就真正进入到气象意义上的春天了。此时节春光明媚,春意盎然,桃红柳绿,草木生长。春分不仅是一个节气,还是一个传统节日,有很多丰富有趣的习俗。

"从来今日竖鸡子,川上良人放纸鸢。"这句诗指出了春分两个重要的活动,一个是竖蛋,一个是放风筝。春分竖蛋是很多人每年乐此不疲的尝试。春分为什么要玩竖蛋游戏呢?春分平分春季,昼夜也均等,地球的地轴与太阳引力方向处于一种相对平衡的状态,地球的磁场也相对稳定,这是竖蛋的最佳时机。如果能竖蛋成功,除获得惊喜外,还包含着人们对美好生活的期盼。放风筝也是春分时的重要活动。据说此时"风从地起",风是向上吹的,最利于放飞风筝。"草长莺飞二月天,拂堤杨柳醉春烟,儿童散学归来早,忙趁东风放纸鸢。"清代诗人高鼎的《村居》生动描绘了春日孩子们享受着美好春光,放学后一起追逐嬉戏放风筝的画面。

在岭南地区,春分有"吃春菜"的习俗。"春菜"是一种野苋菜,俗称"春碧蒿",与鱼片"滚汤"为"春汤"。民谚说:"春汤灌脏,洗涤肝肠;阖家老少,平安健康。"鲜笋也是此时的好吃食,几场春雨,催发竹笋破土而出,这时候的笋又鲜又嫩又脆,清炒或是涮火锅都可以,吃一口满是春天的味道。

春分时节,渤海湾的海鱼、海螺、白虾、草虾、狗虾开始多了起来,此时是最适合做海鲜一锅出的时节。在20世纪中叶,渔村里的人用烧柴草的大锅做饭,捡半盆梭鱼、鲶鱼或是沙光鱼、虎头鱼,把它们用家熬鱼的方式入锅,加两瓢水,再顺手抓几把小虾小蟹,什么东西顺手就往锅里放什么。海鲜的原味融化在原汤里,再在锅边儿贴上一圈玉米面饽饽……等它们熟了,鱼虾的鲜美、饽饽的香脆,是这个季节呈献给渔人舌尖上最好的礼物。

有的地方春分的时候还有酿春酒的习俗。"'春分'造酒贮于瓮,过三伏糟粕自化,其色赤,味经久不坏,谓之'春分酒'。"春分酿酒秋后尝,以春酒庆丰收。

丁香——中国古代的口香糖

口香糖是现代人生活中的常见品，亲密约会嚼一块，闲暇娱乐时嚼一块……在口香糖发明以前，丁香就是古代中国人的口香糖。

丁香原产于印度尼西亚的马鲁古群岛，在汉代传入中国，多以"鸡舌香"之名记载。三国时期，曹操曾派人致信诸葛亮：今送鸡舌香五斤，以表微意。由此可见，鸡舌香在当时也属于非常贵重的香料。

东汉《汉官仪》中记载了"尚书郎含鸡舌香伏奏事"的宫廷礼仪。东汉恒帝时，有一位叫迺存的老臣，有着严重的口臭。一天，恒帝赐了迺存一个状如钉子的东西，令他放到嘴里嚼一嚼。迺存不知何物，口感辛辣苦涩，便以为是皇帝赐死的毒药，跑回家与家人诀别。此时，恰好有一位好友来访，便让迺存把"毒药"吐出来看看。迺存吐出后，却闻到一股浓郁的香气。好友看后，认出那是一颗上等的鸡舌香，是皇上的特别恩赐。虚惊一场，遂成笑谈。此后，口含鸡舌香奏事逐渐演变成当时的一项宫廷礼仪制度，后来还衍变成在朝为官、面君议政的一种象征。

丁香不仅是名贵的香料，也是常用的中药材之一。入药的丁香，被称为公丁香，这并不是说丁香有雌雄之分，而是指含苞待放的花蕾；而母丁香则是丁香花开后结成的果实，因其从中间纵向切开后的形状如同鸡的舌头，故名鸡舌香。上文中提到的"中国古代口香糖"就是母丁香。

丁香，味辛，性温，归脾、胃、肺、肾经，具有温中降逆、补肾助阳的功效，可用于脾胃虚寒、呃逆呕吐、食少吐泻、心腹冷痛、肾虚阳痿等治疗。中医认为，脾胃喜暖恶凉，寒冷食物容易耗伤脾胃的阳气，阻碍水湿运化。丁香温中驱寒的功效，能温里止痛，可治疗胃部寒凉引起的不适。值得一提的是，丁香治疗牙痛有奇效。

在众多香料中，丁香尤其为欧洲人所推崇，被称为"香料王后"，以极度稀有和奢侈而著名。丁香味辛辣，芳香浓烈，在欧美常常用作肉类或者面包的调味，是圣诞食品专属的调味剂，也常常被用来调酒。欧洲人还喜欢把丁香插在柑橘上，用丝带绑起吊挂在衣橱内以熏香衣物。

春分三候：初候玄鸟至，

二候雷乃发生，三候始电

春分是二十四节气中比较重要的一个节气。此时养生应按照《黄帝内经·上古天真论》中提出的"法于阴阳，和于术数"的养生总原则来做。

起居有度　平衡阴阳

早睡早起，提倡午睡，可养气除疲劳。因为春分时节气候忽冷忽热，易导致人体平衡失调，容易诱发如高血压、心脏病、眩晕、中风等因肝阳上亢引起的疾病。此外还要预防眼部疾病。

春季是阳气升发的季节，要到户外去感受大自然勃勃上升的阳气。昂首挺胸，大步走路。走路手要甩起来，超过头。步子要大，走得要快，要微微出汗。

心平气和　乐观豁达

春分时节易肝阳上亢，肝脏疏泄功能失调，肝气不疏，郁热化火，就会导致心情不畅，易造成心理疾病。所以一定要保持自己的心情舒畅，努力做到不着急、不生气、不发怒，以保证肝的舒畅条达。保持轻松愉快、乐观的情绪，要避免情绪波动，做到心平气和，从而安养神气，切忌大喜大悲。不要过分劳累，以免加重肝脏负担。

饮食要注意清淡，多吃春笋、菠菜、芹菜、韭菜、莴苣、豆苗、蒜苗、木耳菜、油菜等时令菜，有助于人体应时知节，与自然相融合。

要忌偏热、偏寒，也就是大热、大寒的食物，要保持寒热均衡。普通人不主张大量进补，可适当清补。还要注意多饮用水、粥、汤，可清除肝热，及时补充体内水分的流失。

清明 *Fresh Green*

梨花风起 气清景明

清明

唐·杜牧

清明时节雨纷纷 路上行人欲断魂

借问酒家何处有 牧童遥指杏花村

小语

　　清明这一天，节气与节日重合，自然与人文交汇，《岁时百问》说："万物生长此时，皆清洁而明净，谓之清明。"

　　节气清明反映的是大自然物候变化，此时阳光明媚、万物生发、气清景明，是春耕春种的大好时光。节日清明既是礼敬先祖、慎终追远的肃穆节日，同时也是踏青郊游、亲近自然的欢乐节日。

　　"梨花风起正清明，游子寻春半出城。"此时，和风煦暖，天朗地宁，枝生新绿，大地返青，满眼盎然之春光与生机，是新陈的交替与升华，是生命的演进和延伸。寻生命之根，觅先人之魂。在这个特别的春天，人们用不同方式追思亲人，人人心中的孝悌唤醒春思，这就是《论语》中说的"慎终追远，民德归厚矣"。

　　清明，远足踏青，亲近自然，催护新生。清明，奏响了新时节、新希望、新生命的交响曲。

青团

清明时节，天清地明的时刻已经到来，凋敝的寒冬完全退去，大地一派欣欣向荣。

"蹴鞠屡过飞鸟上，秋千竞出垂杨里。"唐代诗人王维的《寒食城东即事》描绘了清明时节人们出城踏青、嬉戏游玩的场景。时至今日也是如此，惠风和畅，春和景明，自然界一片生机勃勃，人们扶老携幼远足郊外，或观景赏花，或野炊游戏，或卧于郊野，或飞鸢于天，畅享大自然的清新与美景。

清明是亲近自然的好时节，也是祭奠追思先人的日子。清明之祭主要是祭祀祖先，表达祭祀者的孝道和对先人的思念之情，是礼敬祖先、慎终追远的一种文化传统。有些地方的清明习俗，扫墓祭祖是重要内容，但往往都是在清明节前完成，清明当日则是踏青植树、游玩聚会。部分农村地区还有寒食不火的习俗，清明节当天不动火，只吃凉菜冷食；有些地区清明节有吃煮鸡蛋的习俗，还要吃两颗，寓意眼睛明亮清明。

天津东部的汉沽人，把一种海螃蟹称为"骨架子"。"骨架子"这个名字很有趣，它是当年渔人从螃蟹"面相"上得到的启发。"骨架子"的蟹壳很硬，蟹肉少，跟大黄螃蟹（梭子蟹）没法比，所以才得此贱名，就是一把骨架没什么肉的意思。每年清明节后，"骨架子"的春季鱼汛逐渐出现。

20世纪70年代之前,"骨架子"就像农村田野里的野菜,虽有属于自己的特色,但不能算做渔民的收成。那时"骨架子"虽然很多,但因其经济价值低,渔民看不上它们。捕捞其他鱼货时"不小心"带上来的骨架子,大家也会想法吃掉。煮熟的骨架子,钳子里的肉比大黄螃蟹肉还要鲜美。

改革开放后,"骨架子"也像野菜一样"咸鱼翻生",越来越受人们的喜爱,身价也一路攀升。身价涨了,人们给它的待遇也不一样了。"骨架子"的大爪儿还有一种好吃的做法——糟酱。入秋后,"骨架子"逐渐"丰满",在它肥美的季节用它糟酱吃,糟熟的蟹酱"焦硫黄""喷鼻香"。糟酱又俗称捣酱,意思是需要把海鲜原料捣烂才能发酵,可是在捣"骨架子"酱时,捣酱人会躲着大爪儿走,留下完整的大爪儿发酵后,里边的蟹肉又是一种别样的鲜香。

杏林春暖

杏林是中医学界的代称。故址在今江西庐山和安徽凤阳,典出三国时期闽籍道医董奉。据《神仙传》记载:"君异居山间,为人治病,不取钱物,使人重病愈者,使栽杏五株,轻者一株,如此数年,计得十万余株,郁然成林……"根据董奉的传说,人们用"杏林"称颂医生。医家每每以"杏林中人"自居,后世遂以"杏林春暖""誉满杏林"等来称颂医家的高尚品格和精良医术。

杏的"亲戚"有很多,桃、李、梅、梨,还有樱花。这一组植物的共同特点是,花通常白色或者粉色,花瓣和萼片都是五枚。由于花形、花色、开花时间很相近,很难区分。樱花的花梗长,一枝长一朵,一簇一簇,且是唯一花瓣有花缺的;杏花有点像樱花,细细碎碎,朦朦胧胧,簇拥得一片洁白,但花瓣没有豁口;花蕊、花瓣、叶子都细细小小的,那多半儿是李花了;花瓣洁白丰润,一簇簇地开放在绿叶间,花蕊颜色深,略带点红色,那就是梨花。

我国最早的医书《黄帝内经·素问》就把杏列为五果(杏、枣、李、栗、桃)之一。杏的果肉、核仁、树皮、树根以及枝、叶、花都有药用价值。民间有谚语说:"端午吃个杏,到老没有病。"话虽夸张,却说明了杏的食疗价值。杏果有良好的治疗作用，在中草药中居重要地位，主治风寒肺病，生津止渴，润肺化痰，清热解毒，适用于口燥咽干、肺燥干咳、喘促气短等症，用于肺结核的潮热、阴虚所致的五心烦热。煮杏加蜜作脯，有润肺止咳定喘功效。杏虽好吃，但不能多吃。《本草纲目》载：杏属热性食物，体质实热的人，多食易上火，可能导致口内生疮，加重口干舌燥、上火便秘。

　　杏仁为常用中药，有止咳定喘、润肠通便的功效。杏仁分苦、甜两种。甜杏仁偏于滋养，有润肺止咳、滑肠的作用，适用于肺虚久咳、干咳无痰、大便不爽等症。苦杏仁主治咳逆上气，祛痰止咳、润肠作用较强，适用于伤风感冒引起的咳嗽、多痰、气喘、大便燥结等症。

清明三候：初候桐始华，

二候田鼠化为鴽，三候虹始见

燕子来时新社

芳草

做清明

40

　　清明是表征物候的节气，含有天气晴朗、草木繁茂的意思。此时，人体循环、新陈代谢加快，养生以柔肝为主。

 养肝平肝气

　　春天是肝病多发季节，当反复出现乏力、情绪异常、发无名火、眼睛干涩、视物模糊、肢体麻木、口干、舌红头晕、便秘、食欲不振、失眠多梦等不适感觉时，可能是肝脏方面出现了问题，且影响到日常生活。

　　肝藏血，肝主疏泄，中医视肝为健康之本。肝脏功能是否正常，直接影响其他组织器官的功能及状态。如肝气不疏，人就会生气抑郁，称之为"肝郁"。

　　踏春防花粉

　　预防花粉过敏，首先应加强个人防护，遇好天气时将屋内屋外打扫一遍，遇干热或大风的天气，可关闭门窗或加挂窗帘；最好每周清洗更换床罩、被单，注意身体清洁。其次出外赏花，最好避开花粉传播高峰时段，出门时佩戴口罩，并穿着长袖衣物，避免直接与过敏源接触，以减少花粉侵入。

　　清明时节的气候特点是多雨阴湿、乍暖还寒。此时的饮食宜温，吃些地瓜、白菜、萝卜、芋头等时令蔬菜，温胃祛湿，还可吃些护肝养肺的食品，比如荠菜、菠菜、山药等。

　　清明节气不宜食用过于"升发"的食品，如韭菜、羊肉等。

谷雨 *Grain Rain*

雨润百谷 茗享花营

七言诗

诗·郑板桥

不风不雨正晴和　翠竹亭亭好节柯

最爱晚凉佳客至　一壶新茗泡松萝

几枝新叶萧萧竹　数笔横皴淡淡山

正好清明连谷雨　一杯香茗坐其间

·小语·

　　好雨生百谷，浓芳衬新茗。《月令正义》载："谷雨者，言雨以生百谷。"谷雨前后，杨花柳絮随风舞，春深如听子归啼，正是雨润百谷、鸟鸣农忙的时节。民谚有"谷雨过三天，园里看牡丹"的说法，这时节牡丹花盛开，正是阅尽春色的大好时光。

　　谷雨是采茶品茗尝新的最佳时间。"嫩绿微黄碧涧春，采时闻道断荤辛。"早春茶的重要特征，被唐人姚合的诗句描写得绘声绘色。同时，也是养生喝茶最宜时。郑板桥有诗："正好清明连谷雨，一杯香茗坐其间。"这杯清茶是朝思暮想的碧潭飘雪，还是梨花一枝春带雨的蒙顶甘露。一茶见真，抱朴纯净，醇香绵和。

　　谷雨，最后的春色。如诗淡花疏雨，如茶清风香韵。让我们珍惜当下，放缓心情，安顿心灵。从一杯春茶开始，感受生命欢喜的邀约。

新茶

谷雨时节正值最美人间四月天，春景繁盛，鸟唤农忙。

"国色天香绝世姿，开逢谷雨得春迟。"谷雨时节正是牡丹花怒放之时，因此牡丹花有"谷雨花"的别称。"谷雨过三天，园里看牡丹。"谷雨时节赏牡丹自古就是人们重要的节令活动。早在唐代，此民俗活动已极为盛行，官民皆热衷于此，或结伴或独往，观花作诗，实为春日盛事。古人观赏牡丹的盛会，有花会、万花会、牡丹会等美称。时至今日，山东菏泽、河南洛阳、四川彭州等地在谷雨时节还会举办牡丹花会。已入选国家非物质文化遗产名录的洛阳牡丹花会也是因此而生。

俗语说："雨前椿芽嫩无比，雨后椿芽生木体。"谷雨前后，正是吃香椿的好时候，尤其是北方地区，谷雨吃香椿，是最时令的金贵菜肴。这时的香椿醇香爽口营养价值高，一年之中也只有在这个时候才能尝得到这口春味!

"二月山家谷雨天，半坡芳茗露华鲜。"谷雨时节，赏花之余还需有香茗为伴。明代许次纾在《茶疏》中谈到采茶时节时说："清明太早，立夏太迟，谷雨前后，其时适中。"认为谷雨前后采茶最为适宜。此时的茶叶，汲取着春天的灵气，采做新茶，香气浓郁，分外甘美。因此在江南很多地方，喝"谷雨茶"成了谷雨节气的重要习俗。据传，喝了谷雨这天采摘的新茶，有病治病，无病可以健身。湖南北部有用谷雨这天采摘的鲜茶叶打擂茶喝的习惯，湘西人用谷雨茶熬油茶汤喝，洞庭湖区的人则会泡姜盐豆子茶。谷雨制新茶饮新茶,在氤氲的茶香中揣摩春味、品赏春色、期许健康。

"把酒送春春不语,黄昏却下潇潇雨。"诗人笔下的谷雨,是一份匆匆送别春的不舍,但在农人心里又有另一番景象,他们可能不会去领略苏东坡雨西湖的柔美、戴望舒雨巷的温婉,农人对于谷雨的那份期许甚或感恩,是发自内心、源自生命的真。他们只会牢牢记得:"清明谷落田,谷雨变苗田。"

谷雨的雨,让老枣树露出了绿尖尖、梧桐树鼓起了小喇叭,虽然老槐树还在酝酿着心事,但心急的蜜蜂嗡嗡地闹着,等不及的大小蝴蝶飞来飞去;谷雨的雨,让勤劳的农人点起了瓜豆、撒起了菜种。谷雨淋漓,万物洗礼,它送来的不只是春雨,更是希望。

人们的日子,总是沿着二十四节气来铺排。"谷雨前后,种瓜点豆。""清明早,小满迟,谷雨立夏正相宜。"于是,很多种子在谷雨的雨后出发,一批批地走向田野;很多秧苗,在谷雨的雨里洗出满眼的绿色;也有很多,在谷雨的雨里生发出
葱葱茏茏的希望……

花中皇后——月季

　　玫瑰、月季和蔷薇都属于蔷薇科、蔷薇属、蔷薇亚属。普通人区分玫瑰、月季和蔷薇，还是有一定难度的。相较于玫瑰，月季的品种更丰富，花色更多，花期更长，而且花朵更大些，枝干上的尖刺也更稀疏，只是花香要逊于玫瑰。从观感上说，月季比玫瑰好看一些。

　　月季被称为"花中皇后"，是常绿、半常绿直立灌木，其花数朵集成一束，花梗细长，花瓣有单、重两种，重瓣可多达80片，花色有红、紫、白、粉、黄、绿等，近年甚至出现了蓝色品种。月季花容秀美，姿色多样，四时常开，深受人们的喜爱。月季品种繁多，在我国有两千多年的栽培历史，汉代宫廷花园中已大量栽培。清代《花镜》记述："月季一名'斗雪红'，一名'胜春'，俗名'月月红'。"

　　作为历史悠久的花卉，很多文人留下赞咏月季的诗句。苏轼曾作《月季》赞颂月季："花落花开无间断，春来春去不相关。牡丹最贵惟春晚，芍药虽繁只夏初。唯有此花开不厌，一年长占四时春。"杨万里在《腊前月季》中写道："只道花开无十日，此花无日不春风。一尖已剥胭脂笔，四破犹包翡翠茸。别有香超桃李外，更同梅斗雪霜中。折来喜作新年看，忘却今晨是季冬。"赞颂月季品格。唐代著名诗人

谷雨

白居易曾有"晚开春去后，独秀院中央"的诗句，明代诗人张新诗云："一番花信一番新，半属东风半属尘。惟有此花开不厌，一年长占四季春。"

月季不仅花美，其花、根、叶均有药用价值。《本草纲目》载述："甘，温，无毒。"《闽东本草》收记："性平，味淡，无毒、入肝、肾二经，其活血调经、消肿解毒、祛瘀、行气、止疼作用明显，故常用于治疗月经不调、痛经、闭经、跌打损伤、血瘀肿痛、痈疖肿毒。"少量的月季花代茶饮还具有美容养颜的功效。现代药理研究证实，月季花还具有较强的抗真菌作用。

月季作为幸福、美好、和平、友谊的象征深受人们喜爱，卢森堡、伊拉克、叙利亚等国把它定为国花。在我国，月季花是北京、天津、石家庄等53个城市的市花。

篇春光繁山川寮
色青 里鹿作

谷雨三候：初候萍始生，二候
鸣鸠拂其羽，三候戴胜降于桑

俗话说:"雨生百谷。"可见谷雨时节降雨及时而且雨量充足,谷类作物能够苗壮生长。谷雨节气养生要顺应自然环境的变化,通过人体自身的调节使内环境(人体内部的生理环境)与外环境(外界自然环境)的变化相适应,保持人体各脏腑功能的正常。

健脾祛湿

脾喜燥恶湿,可按压阴陵泉穴,这是脾经的合穴也是祛湿要穴。此外,经常按摩足三里、血海、三阴交也能强健脾胃。

治疗脾虚最好的食疗方是山药薏米芡实粥,将山药、薏米、芡实按1:1:1比例熬粥。这三种食物都有健脾益胃的功效,但各有侧重:山药补五脏,脾、肺、肾兼顾,益气养阴,又兼具收敛的功效;薏米,健脾清肺,利水而益胃,补中有清以祛湿浊见长;芡实,健脾补肾,止泻止遗,具收敛固脱的作用。

疏肝清火

谷雨预示着暮春时节的到来,体内的肝气随着春日渐深而愈盛。许多人因肝疏泄不及致使心情不好,可常按揉肝经的期门穴,顺时针或逆时针各30次,常按此穴可以健脾疏肝,理气活血;也可以按揉行间穴,可助散火祛邪。

🔵 应注重清热祛湿,益肺补肾,多吃一些祛湿利水的食物,如赤豆、黑豆、薏仁、山药、冬瓜、藕、海带、鲫鱼、豆芽等,也可进食玫瑰花、佛手、陈皮、白术等以滋养肝肾。

🔵 少食酸性食物和辛辣刺激的食物。可饮用绿豆汤、赤豆汤以及绿茶,防止体内积热。不宜进食麻辣火锅等大辛大热之品。

立夏 *Summer*

新夏清和 万物并秀

客中初夏

宋·司马光

四月清和雨乍晴　南山当户转分明

更无柳絮因风起　惟有葵花向日倾

小语

　　落花不语，饯春迎夏。《月令七十二候集解》："立夏，四月节。立字，解见春。夏，假也。物至此时皆假大也。"立夏表示即将告别春天，是天文学意义上夏天的开始。按照现代气象学标准，连续5日平均气温高于22℃，才算入夏。所以说，农历四月开启了夏季，但此时距离夏天还有一段时间，"立夏未夏"更为贴切。

　　古人雅趣颇多，对风多有研究。立夏刮的风叫"清明风"，也称"熏风"。"一夜熏风代暑来"，微有暑意，风轻和缓，让人醺醺然。

　　春去夏来，首夏清和。"百花过尽绿阴成，山深四月始闻莺。"百花已谢，绿树成荫；风暖闻莺，天气和蕴。"小荷才露尖尖角，早有蜻蜓立上头。"翠绿的小荷、鲜活的蜻蜓，一幅生命跃动、生机盎然的画卷把我们带进如诗如画的初夏。

　　立夏时节，万物茂盛，阳气逆发。此时节养阳重在养心，平稳心绪，不疾不徐，与四季共频，和时光同振。

鸡蛋

"孟夏之日，天地始交，万物并秀。"春生夏长，立夏，万物进入繁茂生长时期。作为四时八节的重要节点，立夏自古受到人们的重视。

唐代高骈有诗云："绿树阴浓夏日长，楼台倒影入池塘。水晶帘动微风起，满架蔷薇一院香。"生动地描绘了立夏时节的神韵和景致。立夏有不少有趣的习俗，"斗蛋"便是其一。煮熟的鸡蛋，彩绳绑缚，挂于孩童胸前。孩童们捉对厮杀，以蛋相互碰撞，破皮者淘汰，最终看谁的蛋能坚持完好，不破便成"蛋大王"。其实，孩童胸挂鸡蛋也是古时预防小儿疰夏的一种祈愿方式，谚称"立夏胸挂蛋，孩子不疰夏"，祈愿孩子健康度夏。

除了迎夏仪式，也有特色食俗。古时，立夏之日要吃豌豆肉煮糯米饭和苋菜黄鱼羹，称吃"立夏饭"。在湖南长沙，人们在立夏日则吃糯米粉拌鼠曲草做成的汤丸，名"立夏羹"。部分地区在立夏日还有喝"七家粥"和"七家茶"的习俗，七家粥是汇集了左邻右舍各家的米，再加上各色豆子及红糖，煮成一大锅粥，由大家来分食。七家茶则是各家带了自己新烘焙好的茶叶，混合后烹煮或泡成一大壶茶，再由大家欢聚一堂共饮。

天津人的节气多与吃分不开。在立夏日天津人有吃面的习俗。"入夏面新上天"，寓意立夏吃面可强健体魄，为人们带来好运。炸酱面、打卤面都是立夏日天津人的最爱。"夏吃蛋"也是由来已久的习俗，鸡蛋圆圆

溜溜，象征生活圆满，立夏日吃鸡蛋祈愿夏日平安，不受"苦夏"侵扰。

此时正是从春到夏转换时节，人们应按照时令调整自己饮食起居。立夏后由于精力消耗大，可增加适度午睡，保持精力旺盛，户外可增加耐热锻炼，保持心情舒畅。饮食上做好春夏过渡，总体清淡还要富有营养，按照古人春夏养阳的观点，遵循少喝冷饮、少苦增辛补肺的原则。

在立夏之前，刺鱼的第一个鱼汛到了。刺鱼学名斑鰶鱼，因为鱼刺细密而得俗名，是一种集群活动性较强的洄游性鱼类。这时，它的油脂低，鱼肉较为干涩，它们产卵之后暂时离开浅海渔场，再次归来要到6月中旬。再次回来后，渤海湾良好的"食水"养肥了它们，这时它们油脂增高，熬鱼时，锅面上会漂浮起一层黄色的鱼油。烧烤刺鱼也是一种解馋的吃法，再来两口烧酒，不知会让多少老渔民勾起那渐渐远去的乡愁。

穿心莲——入药食用各不同

入夏时节,天气炎热,气温上升,人们容易上火,有的人还会"苦夏"而茶饭不思,饮食上需要增加一些清热解毒的蔬菜,比如穿心莲。但食用的蔬菜穿心莲和入药的中药穿心莲实则大有不同。

穿心莲,为什么得了这么一个虐心的名字?据说是由于其味极苦,只要含入一小片叶子,马上就可以感受到那种刻骨铭心的苦,犹如万箭穿心,所以称之为穿心莲。这味草药的发现和食用还有一个传说。相传达摩祖师来到中国弘扬佛法,在岭南地区遇到被毒蛇咬伤的老农,老农中毒奄奄一息,达摩祖师便帮其处理伤口,并采摘草药嚼碎后敷在伤口上,老农转危为安。此即为中药穿心莲,因为达摩祖师说的是印度语,还称之为印度草。

中药穿心莲,又叫榄核莲、一见喜、金耳钩、苦草、苦胆草、四方莲等,主产于广东、广西、福建等地,是爵床科一年生草本植物,全株味极苦。其干燥的地上部分入药,味苦性寒,归心、肺、大肠、膀胱经,具有清热解毒、凉血、消肿的功效。主治温病初起,如感冒发热、肺热咳喘、肺痈、咽喉肿痛,以及痈疮疔肿、湿热泻痢、热淋涩痛、湿疹等症。其应用很多医书上有记载。

立夏

　　蔬菜也有穿心莲。蔬菜版的穿心莲，是一种叫花蔓草的蔬菜。该植物的原产地为非洲南部，为番杏科，日中花属，多年生常绿蔓生肉质植物，因为其茎断面上有芯穿过，所以也称作穿心莲。蔬菜穿心莲茎斜卧，多分枝，长30厘米至60厘米。叶对生，叶片肉质肥厚，鲜亮青翠。清炒、凉拌、涮火锅、做菜底均可，以凉拌为最佳，也可直接食用。蔬菜穿心莲含有丰富的维生素和叶黄素，具有一定的营养价值。

　　虽然都是穿心莲，但一个是入药的中药，一个是能食用的蔬菜，千万不能混淆乱用，以免发生意外。

立夏三候：初候蝼蝈鸣，

二候蚯蚓出，三候王瓜生

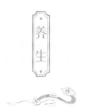

立夏,随着气温的升高,人的肠胃功能有所减弱,因此要食用些清淡的食物以调理好肠胃。

🍲 早睡早起 适当运动

"春夏养阳,强调要注意保护人体的阳气,早睡早起。春夏之交太阳出来比较早,天亮即刻起床,晒晒太阳。不能熬夜,晚上最好 11 点前就睡觉。在运动的时候,要注意天气的变化,运动方式要根据个人体质和喜好决定。推荐快步走,每次坚持半个小时到一个小时,不要久坐,适当运动有利于人体阳气正常运行。

🫖 增加午睡 养心养神

立夏之后,可适当调整个人的生物钟,增加午休。中午是一天中气温高的时候,人容易出汗,稍活动就会因出汗多消耗体力,极易疲劳。所以,中午可以听听音乐或闭目养神。午睡时间要因人而异,一般以半小时到一小时为宜,时间过长反而会让神气受损。

🥢

🙂 宜采取"增酸减苦、补肾助肝、调养胃气"的原则,饮食应清淡,以易消化、富含维生素的食物为主。可多喝牛奶、多吃豆制品、鸡肉、瘦肉等,既能补充营养,又起到强心的作用。

🙁 芒果、榴莲、荔枝等湿热性水果不宜过食。入夏,忌过饱,尤其晚餐更不应饱食。大鱼大肉和油腻辛辣的食物要少吃。

小满 *Lesser Fullness*

小得盈满 禾香可期

五绝·小满

宋·欧阳修

夜莺啼绿柳　皓月醒长空

最爱垄头麦　迎风笑落红

小语

　　小得盈满，知足常乐。故乡的桑葚一红，小满节气就到了。"情日暖风生麦气，绿阴幽草胜花时。"五月花开，夏意日浓，稻穗渐满，清风徐来，天地万物，竞相生长。节气缓缓地走着，在朝花夕拾和春华秋实中，告知生命每一个阶段的喜悦和满足。

　　《月令七十二候集解》说："小满者，物致于此，小得盈满。"《黄帝内经》上讲："月升无泄，月满无补。"养生如此，人生亦然。人们还观察到，春天在完成自己的任务后，就主动让位于夏天，而夏、秋和冬亦是如此。于是古人说："盈必毁，天之道也。"古人的智慧，给小满一个充满哲学智慧的节气注脚，小满足就是大幸福。

　　《老子》上讲："持而盈之，不如其已。"古人观察到"日中则移，月满则亏"的自然现象，于是得出"物盛则衰的结论。釜鼓满则人概之，人满则天概之。将满未满，人生之境。"酒饮其微醺，花赏其半开。"人生唯有小满，才是恰到好处。

　　小满，小满，多么美满！

四时
悠然

LEISURE IN THE
FOUR SEASONS

"小满"之"满",原指夏熟作物籽粒的饱满
程度,后也指江河沟渠因降水而发生的变化。小
满是与农桑劳作密切相关的节气,而其节俗包括祭车神、蚕神等也大多
与农事有关。

苦菜

古时的小满有祭车神习俗。传说"车神"是一条白龙,化身水车助农
人灌溉农田,所以在小满时节,要在水车基座上放好鱼肉、香烛等祭品,
并敬白水一杯,洒入田中,期盼丰收。而祭拜蚕神则是因为小满日为蚕神
嫘祖诞辰日,也是蚕茧结成,正待采摘缫丝的日子,期待有好的收成并表
达对蚕神的感激之情。对车神、蚕神的祭拜也反映了我国"男耕女织"农
耕文化的特点。小满还有吃苦之俗,天津人在小满时节就有"吃苦"的习
惯。将苦中带涩、涩中带甜的苦菜,用各种烹饪方法处理,或凉拌,或腌
制,或热炒,在调剂口味的同时,准备应对即将到来的酷夏。

子曰:"饭疏食,饮水,曲肱而枕之,乐亦在其中矣。不义而富且贵,
于我如浮云。"君子之乐,不求物欲的富足,而在精神的平静与满足。相
敬如宾、举案齐眉,是重于操守的东汉名士梁鸿与爱妻孟光琴瑟和鸣的
恩爱之情;南野开荒、东篱采菊,是辞官归隐的陶潜守拙园田的闲逸之
乐;寒江独钓、西山宴游,是贬谪永州的柳宗元孤傲特立的坚守之趣。他
们向往的,是一份心灵的宁静;他们自守的,是一种生命的本真。他们心
中,有一轮高悬的日月,有一股朗朗的清气。这心中的日月,照亮了黯淡的

人生；这心间的清气，使身心安宁。小而即满，人生自守，生活安宁幸福。

　　小满时节，北方的农田就要开镰了，差只差最后修成正果的关键。"小满不满，麦有一险。"所以说，小满之满，也是一种满腹焦虑的满。

　　小满并不代表成熟，也不说明成功，也不昭示丰收，而是象征着逐渐成熟、走向成功、丰收在望。如果在这个时候，作物自以为"满"，停止生长，不再接受阳光的照射、肥料的供应、水分的滋养，夏熟作物要想获得大丰收，恐怕只能是一个美好的愿望了。

小麦能治病

小满节气在北方的农事中有重要意义，此时是小麦等夏熟作物开始灌浆，籽粒将满未满的关键时期。提到小麦，大家应该都很熟悉，我们日常包饺子、蒸馒头用的面粉就是小麦研磨而成的，是我国重要的粮食作物。

中国是世界上较早种植小麦的国家之一，最早在黄河流域种植，其后扩展至长江以南各地，并传入朝鲜、日本。以长城为界，长城以北因为温度低，都是一年生的春小麦，而长城以南的广大区域大多种植冬小麦。冬小麦是少见的不怕严寒、喜大雪能越冬的作物。冬小麦秋末冬初播种，当平均气温降至0℃以下时，麦苗停止生长进入越冬期。越冬期的麦苗即使遇上大雪严寒，也不会受太大影响，如遇几场大雪还会有利于土地墒情。待春季气温回升后，小麦叶片由紫色或紫红色变为绿色，心叶逐渐抽出时，开始返青，此时需浇返青水助麦苗快速生长。之后再经过拔节孕穗、抽穗扬花、灌浆成熟，才能收割。

小麦不仅是我们的主要粮食，还能入药。中医认为，小麦入心经，汗为心之液，小麦乃心之谷，心气虚则汗外越，故小麦有补心气、

小满

敛汗之效，入脾、肾经，又具有益肾、除热、止渴的作用。《本草纲目》上说："陈者煎汤饮，止虚汗；烧存性，油调涂诸疮，汤火灼伤。小麦面敷痈肿损伤，散血止痛。"《名医别录》中记载其能："除热，止燥渴，利小便，养肝气。"《本草再新》总结小麦可以养心、益肾、和血、健脾。《医林纂要》则认为小麦可以除烦、止血、利小便、润肺燥。

浮小麦治盗汗、虚汗症还有一个故事。相传北宋名医王怀隐，一日为一妇人诊病。用汉末医圣张仲景《金匮要略》中的"甘麦大枣汤"治疗这位妇人"脏躁症"，便开了甘草、小麦、大枣三味药的药方。连服几日后，竟然连盗汗症也一并医好，探究原因，原来是药方中的小麦，阴差阳错地用了不是饱满籽粒的小麦，而是干瘪瘦空、放在水里能浮起来的"浮小麦"。后来，王怀隐又几次试用浮小麦治盗汗、虚汗症，果然显效，遂将浮小麦的功效记入他与同道好友王祐、郑彦、陈昭遇合编的《太平圣惠方》一书。从此，"浮小麦"一药便流行于世，并为历代医家沿用至今。

小滿三候：初候苦菜秀，二候靡草死，三候麥秋至

水車忙 戊戌夏於了津

64

小满时节是人体的生理活动处于最旺盛的时期，消耗的营养物质是二十四节气中最多的。因此，需要及时适当清补并以健脾化湿为主。

饮食卫生　适当冷饮

进入小满时节，由于天气变热，食物很容易变质腐坏。"病从口入"，所以，要尤其注意饮食卫生。尽量避免吃生冷食物，不吃隔夜食物，对于消暑降温的饮品也要适可而止，从而有效预防腹痛、腹泻等疾病。

健脾养胃　补气益阴

进入夏季，天气炎热，人体消耗增大，一方面急需补允营养物质和津液，另一方面因暑、湿气候的影响易导致脾胃正气不足，胃肠功能紊乱。所以在饮食上应以健脾养胃为原则，以汤、羹、汁等汤水较多、清淡而又能促进食欲、易消化的膳食为主，这样才能达到养生保健的目的。

宜　小满适宜清补，心喜凉，宜食酸。以性寒凉味酸食物为宜，可常吃些小麦制品、李子、桃子、橄榄、菠萝、芹菜等。

忌　小满时，少吃或不吃油腻厚味、油煎的食物，并且每餐进食量不宜过大，应以少量多餐为原则，尽量不吃辛辣温燥之物。

芒種

Grain in Ear

光芒流动 稻花自绿

时雨

宋·陆游

时雨及芒种 四野皆插秧

家家麦饭美 处处菱歌长

小语

芒种,忙种,光芒流动。

《周礼》记载:"泽草所生,种之芒种。"当代作家林清玄描绘:"芒种,是多么美的名字,稻子的背负是芒种,麦穗的穿承是芒种,高粱的波浪是芒种,天人菊在野风中盛放是芒种……六月的明亮里,我们能感受到四处流动的光芒。"

"东风染尽三千顷,白鹭飞来无处停。"这首宋人诗生动描绘出江南水乡一望无际的秧苗茂密、稻穗碧绿的壮美景象。芒种是阳气最充盈的时节。此时的北方,时而白云飘飘,鸟雀呼晴;时而黑云压城,山雨欲来;时而雨过虹出,烟霞满天。

芒种还是一种记忆,是人生历程中最闪亮的青葱岁月。因为,每年的高考时间都在芒种时节,是莘莘学子十年寒窗苦读,播种与收获的时刻。

芒种,植根光芒,期许远方……

酸梅汤

芒种是二十四节气中的第九个节气。《月令七十二候集解》中说："五月节,谓有芒之种谷可稼种矣。"芒种的两头,一头连着收,一头连着种,有人把"芒种"解释为"忙种",还真是恰如其分。清人王时叙在《商周山歌》中写道:"旋黄旋割听声声,芒种田家记得清。几处腰镰朝雾湿,一行肩担夕阳明。"生动形象地描绘出一幅"三夏龙口夺食图"。

农谚云:"割麦栽秧两头忙,官家小姐出绣房。"芒种是一扇门,这扇门一推开,繁忙就扑面而来。农人总是把时间排得满满的,丝毫没有空闲。田间地头,到处是他们忙碌的身影。

麦收完毕腾出了田地,旱作物棉花和红薯的幼苗马上要移栽,而玉米、花生、芝麻、黄豆等经济作物也该播种了。农田里,翻耕、灌水、平田,耙过的麦茬田白亮亮地像一面镜子,但醉人的风景没有冲昏庄稼人的头脑,他们的心里明镜似的,三分靠种七分靠管,今后的日子,还有许多忙事在等着……

芒种节气自然少不了与田间劳作相关的节俗。浙江丽水等地有在芒种日举行开犁节的习俗,为夏季播种讨个好彩头,也祈愿丰收。开犁仪式包括鸣腊筹、吼开山号子、芒种犒牛、祭神田分红肉、鸣礼炮、开犁、山歌对唱等,展现农民祭神、祈福、感恩和吉庆等传统农耕文化。与开犁节类似,皖南地区则是在芒种日举行安苗活动。据传,安苗习俗始于明初,芒种时种完水稻，为求好收成，要用新麦面捏成五谷六畜、瓜果蔬菜等形状，然后用蔬菜汁染上颜色，蒸熟祭祀，祈求风调雨顺、五谷丰登。

送花神也是芒种节气的一个重要民俗。南朝梁代崔灵思《三礼义宗》："五月芒种为节者，言时可以种有芒之谷，故以芒种为名，芒种节举行祭饯花神之会。"据说，芒种节过后，群芳摇落，花神退位，人世间便要隆重地为她饯行，以示感激。《红楼梦》中也曾有芒种送花神的描写，生动地展现芒种节这个习俗。

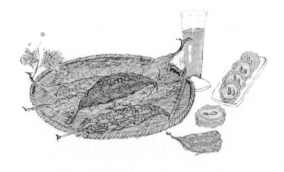

孔子为什么每餐必备姜？

提到姜，你会想到什么？是炒菜必备的千年配料"葱姜蒜"，还是驱寒必喝的"姜糖水"，抑或是用姜腌制的小菜。姜真的是一个"多面手"，据说连孔圣人每餐也必要有姜！

姜是多年生草本植物，原产东南亚热带地区，我国大部分地区均有种植，在我国已有几千年栽培历史。姜的命名据说还与神农氏有关。神农在南山采药，误食毒蘑菇，中毒后腹痛难忍晕倒。没过多久，神农慢慢醒来，竟是被晕倒附近的一丛植物所救，其香气浓郁，闻之神清，又挖出根块，食之又辣又香，腹痛随即痊愈。因为神农姓姜，便将这个让神农起死回生的植物命名为"生姜"。

中国人用生姜的历史非常悠久。两千多年前，孔圣人就喜欢姜，每顿饭都要吃一点儿姜来养生。《论语》里有记载："不撤姜食，不多食。"苏东坡的《东坡杂记》记述了一则常食生姜而延年益寿的趣闻。钱塘（今浙江杭州）净慈寺里有一位僧人，虽年逾八旬，却童颜鹤发，精神矍铄。苏东坡问他有何益寿妙方，僧人告之，每天连皮嫩姜温水送服，坚持40余载。"金元四大家"之一的李东垣对姜推崇备至，提出"上床萝卜下床姜"的养生名言。被后世誉为"药圣"的李时

芒
种

珍更是赞赏生姜的多种用途："姜可蔬、可果、可药。生用发散，熟用和中。久服去秽气，通神明、散风寒、止呕吐、化痰涎、开胃气、解百毒。"即使现在也有"冬吃萝卜夏吃姜，不用医生开药方"的养生谚语。

食姜有助延年益寿，姜还可入药治疗疾病。姜，性温，味辛辣，无毒，主治散寒解表、降逆止呕、化痰止咳，以及风寒感冒、恶寒发热、头痛鼻塞、呕吐、痰饮喘咳、胀满、泄泻等。东汉名医张仲景善用姜，用其解表发汗、降逆止呕、温中祛寒。

看似普通的姜，却是非常不普通，难怪孔圣人也推崇备至。

芒种三候：初候螳螂生，二候鵙始鸣，三候反舌无声

芒种时节
把书读
···· 作

芒种时气温升高,空气中的湿度增加,人体内的汗液无法通畅地发散出来,热蒸湿动,使人感到四肢困倦,萎靡不振。因此,在芒种节气里不但要注意防暑防潮,更要注意调养身心,增强体质。

早睡早起 保养心神

在精神调养上,应该保持轻松、愉快的状态,忌恼怒忧郁,使机体得以宣畅,通泄得以自如。起居方面,要早睡早起,适当地接受阳光照射(避开太阳直射,注意防暑),以顺应阳气的充盛,利于气血的运行,振奋精神。

洗澡更衣 药浴养身

芒种过后,午时天热,人易出汗,衣衫要勤洗勤换,也可选择药浴养生。

药浴就是在浴水中加入药物的汤液或浸液,或直接用煎好的汤药,通过蒸气沐浴的方法熏洗全身或患病局部,达到健身防病的目的。药浴的方法多种多样,常用的有浸浴、熏浴、烫敷,作为保健养生则以浸浴为主。

🈶 清淡饮食,宜吃些有清暑热、生津止渴功效的食物,如绿豆、丝瓜、粳米等。茶水最好放在饭后再喝,一两杯即可。

🈲 芒种是容易让身体变得不舒服的时节,这时期雨水较多,温度高,湿度大。饮食上要注意不要过甜、过咸。

夏至 *Summer Solstice*

流石流金 小荷初绽

小语

夏至，即夏天到。古人说："日长之至，日影短至，至者，极也，故曰夏至。"夏至与冬至一样，是二十四节气中一个重要节点。

夏至，是盛夏的起点。自夏至日到立秋日的三伏天是一年之中最为炎热的季节。此节气应注意"春夏养阳"，提醒人们在炎炎夏日养生调养时偏于补身体中的阳气，以顺应"春夏养阳"的变化。

夏至是充满诗意的。苏东坡有词《鹧鸪天》描绘："林断山明竹隐墙，乱蝉衰草小池塘。翻空白鸟时时见，照水红蕖细细香……"

夏至的夜也是明亮的，繁星点点，星河灿灿。夏至一阴生。古人说，阳气之至，阴气始发，其中蕴含着"阴阳转换、盛极则衰"的人生哲理。如此往复循环，四季运转，万物生长，生生不息。中国人向往追求的"天人合一"，就是"与天地合其德，与日月合其明，与四时合其序"的四时佳兴。

夏至遇上父亲节，满满的回忆都是爱！

四时
悠然

LEISURE IN THE
FOUR SEASONS

凉　面

夏至，夏已至半，阳气盛极，阴气初生，气温高，日照时间长，植物生长迅速。

夏至是二十四节气中最早被确定的。公元前7世纪，古人用土圭量日影，夏至这一天，日影最短，因此把这一天称作"夏至"。《恪遵宪度抄本》中说："日北至，日长之至，日影短至，故曰夏至。至者，极也。"

古人十分重视夏至节，清代之前的夏至日会放假一天，宋代在夏至之日始，百官还放假三天，辽代的夏至日谓之"朝节"，妇女进彩扇，以粉脂囊相赠遗。彩扇用来驱热，香囊可驱蚊抑臭。古人在夏至这天所做，从他们留下的诗词名篇中可以看出一些蛛丝马迹。

刘禹锡的《竹枝词》，经考证认为是夏至日作，诗中写道："杨柳青青江水平，闻郎江上唱歌声。东边日出西边雨，道是无晴却有晴。"这时的刘禹锡可能处于热恋之中吧。这首诗模拟民间情歌的手法，写一位初恋少女听到情人的歌声时乍疑乍喜的复杂心情。

同样在夏至遇到雨天的还有杨万里，诗人无比兴奋，称之为"喜雨"："清酣暑雨不缘求，犹似梅黄麦欲秋。去岁如今禾半死，吾曹遍祷汗交流。此生未用愠三已，一饱便应哦四休。花外绿畦深没鹤，来看莫惜下邳侯。"

民间有"吃了夏至面，一天短一线"的说法。夏至面不是平常所吃的热汤面，而是过水面，面煮熟后要过凉水，清凉爽口。夏至吃清凉的过水

观看【二十四节气故事】
学习【二十四节气养生】
品读【二十四节气诗词】
微信扫码

面，有防暑降温的用意，也有用细长的面条比拟夏至白昼时间长，讨个好彩头的意思。之所以夏至吃面条，与此时新麦成熟有关，多少有一些品尝时鲜的意味，有的地区则直接食用麦粒。山东福山夏至荐麦，用青麦炒半熟磨成条，名曰"碾转"，河北衡水则要喝清淡的麦粥，其他地区还有吃鲜美的粽子或鹅肉的食俗。

在天津，夏至还有"馄饨一吃，不长痱子"的说法，就是说夏至日的时候吃了馄饨，可以保佑整个夏日不受痱子的干扰，健康度夏。馄饨，因为与"混沌"谐音，在民间还有夏至吃馄饨有助孩子增长智力的说法。

夏至后入伏，天气炎热，京津地区有喝冰镇酸梅汤的习俗，《天津风俗诗》中就有天津街头小贩敲击冰盏儿，卖冰、卖酸梅汤的描写。清代《都门竹枝词》中"铜碗声声街里唤，一瓯冰水和梅汤"简单的两句诗中，透着老北京胡同中的韵味和夏日饮梅汤的酸甜冰凉的感觉。

不同地域的酸梅汤各有其特色，"京味儿"酸梅汤在选材和熬制方法上有独特之处。老北京熬制酸梅汤食材选择要地道，有乌梅、陈皮、山楂、甘草、桂花、冰糖，搭配合理，甜酸甘润皆源于此。酸梅汤熬制的火候和时间更是一门技术，文火慢熬，淬炼出梅果的酸鲜甜润，味道自然，韵味无穷。炎炎夏日，喝一口冰凉酸爽的酸梅汤，那真叫一个"舒坦"！

驱避湿邪的艾草

仲夏时节,气温高,湿度大,容易滋生细菌,易受湿毒侵扰,此时人们避毒驱虫喜欢用艾草。一般以端午节为标志,人们或是在门上挂上艾草,或是在身上佩戴艾草饰物,或用艾草煎水,兑在洗澡水中,熏洗全身,以达到祈福健康、驱避湿邪的目的。

人们为什么选艾草驱虫避毒呢? 真的会有效果吗?

艾草,又名艾蒿、香艾、冰台、灸草等,为菊科、蒿属植物,多年生草本或略成半灌木状,植株有浓烈香气。我国大部分地区均有种植,但以湖北蕲州艾草为佳,称为"蕲艾"。艾草药用最早见于晋代《名医别录》,其用于治病已有两千余年的历史。《本草纲目》记述:"艾以叶入药,性温、味苦、无毒、纯阳之性,通十二经,具回阳、理气血、逐湿寒、止血安胎等功效,亦常用于针灸。"现代化学成分研究表明,艾草除了含有主要成分挥发油外,还含有鞣质、黄酮、甾醇、多糖、微量元素等,其具有抗菌、抗病毒、平喘、镇咳、祛痰、抗过敏、止血和抗凝血、护肝利胆、解热镇静、抑制心脏收缩及降压等作用。

由此可见,人们在盛夏以艾草熏洗驱虫还是有道理的。此外,自端午节始,人们还会采集艾草,束成人形,悬挂在门上、窗上,以防邪毒之气入侵,保全家一年吉祥安泰。有的人还会把艾草编成虎形,覆以彩布,制成"艾虎",挂在身上,祈愿邪毒不侵,健康平安。正因艾草有很好的驱虫保健功能,才会有"家有三年艾,郎中不用来"的谚语。此外还有艾灸保健之法,点燃用艾草制成的艾炷、艾条,通过熏烤人体的穴位以达到保健治病的目的。

艾草名字的由来与药王孙思邈有关。据传,孙思邈年幼时和几个小朋友到山上玩耍,有一个小朋友不慎崴脚,疼得哎呀直叫。孙思邈见状灵机一动,从地上拔了一把草放在嘴里嚼烂后敷在小朋友的疼痛处。过了一会儿,脚竟然不疼不肿了,小朋友问这是什么药?孙思邈思索片刻,便以刚才小朋友哎呀哎呀的叫声命名这种草药,叫作"艾叶"草,延续至今。艾草还被看作是文雅的象征,古时人们也喜欢佩戴艾草挂饰,以增添文雅之气。

夏至三候：初候鹿角解，二候蜩始鸣，三候半夏生

夏至，气温高，湿度大，人也就越感觉头昏脑涨、胸闷困倦，没有精神，这就是暑湿伤人的现象。古语有"夏至一阴生"，此时天地阳气旺盛达到极点，阳气升极而降，阴气渐升，是冬病夏治的好时节。

补肾助肺 闭气生津

夏季除了养心还要注意养肺。肺是主全身呼吸的器官，《黄帝内经》中介绍了"闭气不息七遍"有助于增强我们的肺功能。先闭气，闭住之后，尽量停止到不能忍受的时候，再呼出来，如此反复七次。

适量运动 必不可少

夏季运动最好选择在清晨或傍晚天气较凉爽时进行，场地宜选择在水边、公园、庭院等空气新鲜的地方，有条件的可以到森林、海滨去疗养、度假。锻炼的项目以散步、慢跑、太极拳、广播操为好，不宜做过分剧烈的活动。在运动锻炼过程中，出汗过多时，可适当饮用淡盐开水或绿豆盐水汤，切不可饮用大量凉开水，更不能立即用冷水冲头、淋浴。

饮食宜清淡可口，避免油腻、难消化的食品。注意清心解暑、健脾养胃，建议早、晚喝粥。苹果、葡萄、木瓜、枇杷这类平和的水果可适当多吃。

夏季天气炎热，十分容易出汗，不宜吃糖过多，会引发高血糖等身体疾病；也不要贪凉，香蕉、雪梨、西瓜等水果不要冷冻后食用。

小暑
Lesser Heat

·小语·

　　小暑,处于盛夏之时。虽然天气炎热,但还没有热到极点。此时,天地气交,万物繁茂,青山翠绿欲滴,荷叶田田舞动,正所谓"小暑大暑正清和,荷花香风透凉阁"。

　　小暑,是二十四节气中第十一个节气。暑字,是日、土、日三个字组合会意,即土地上下都有日光炎热的照耀,这也是一年之中较难熬的天气,故民间有"小暑大暑,上蒸下煮"的说法。

　　虽然暑热难挨,可诗人们笔下的文字却能送来丝丝清凉,孟浩然有诗:"散发乘夕凉,开轩卧闲敞,荷风送香气,竹露滴清响。"大自然的造化给人以美的享受,无形中使人们感到几分凉爽。

　　时序在光阴中流转。如果说大雪节气里最适宜于饮酒,白雪红炉,一樽美酒,是这个节气里应有的豪迈;那么,小暑节气里最适宜于品茶,白云红霞,一杯清茶,是属于这个节气夏爽的温情。

　　人皆苦炎热,我爱夏日长。

四
时
悠
然

LEISURE IN THE
FOUR SEASONS

糯米藕

"小暑大暑，上蒸下煮。"小暑时节，气温高，光照足，炎炎夏日，暑热难耐。

"夜热依然午热同，开门小立月明中。竹深树密虫鸣处，时有微凉不是风。"这是宋代杨万里于月夜在庭院中闲步纳凉时的有感而发。他给这首诗还起了一个十分有趣的名字——《夏夜追凉》，明明是纳凉，却故意说成追凉，这个"追"字，不仅生动，而且画面感十足。更妙的是尾句"时有微凉不是风"，字面上看这微凉来自"竹深树密虫鸣处"，实则非也。此句与唐代诗人白居易的"何以销烦暑，端居一院中。眼前无长物，窗下有清风。热散由心静，凉生为室空"有异曲同工之妙。

描述盛夏情趣更为生动的，当属宋代词人李清照的《如梦令》："常记溪亭日暮，沉醉不知归路。兴尽晚回舟，误入藕花深处。争渡，争渡，惊起一滩鸥鹭。"这是一首闺情词，虽戛然而止，却意犹未尽。词人时常想起那个溪亭映日的傍晚，和一群花季少女划着小船，边小酌，边赏景。不知不觉天色已晚，她们依然划呀划、划呀划，不想小船竟一头闯入荷花深处惊起一滩水鸟。好一幅生机盎然、惬意自得的水墨丹青。

小暑节气前后，恰值农历六月，"六月六，人晒衣裳龙晒袍。""六月六，家家晒红绿。""红绿"就是指五颜六色的各样衣服。人们会在此时搬出家中压箱底的衣物出来"晒伏"，避免衣物、书籍等发霉虫蛀。

天津有头伏吃饺子的传统，入伏后人们食欲不振，往往比常日消瘦，谓之"苦夏",而饺子在传统习俗里正是开胃解馋的食物,且饺子的外形像元宝,有"元宝藏福"的意思。天津渔民自古有"夏不打至(夏至)"的做法,这是渔民朴素的休养生息的习俗。每到这个季节,天津东部沿海有一道特别受欢迎的渔家菜——海葵花。海葵花是一种腔肠类海洋生物,生在海边潮间带的滩涂上,当海水退去,它会像花一般开放。其实,海葵花外面如花的东西是它用来采食的吸盘,它的躯体藏在滩涂的洞穴中,用吸盘吸食浮游生物维系生命。它没有骨骼,通体柔软,营养价值很高。海葵花可以炒食,可以凉拌,还可以做汤,烹饪得法的话,口感鲜脆,不同凡响。

"桃"宝

中国是桃子的故乡,早在六七千年前,它就已经成为人类的一道美食。在漫长的历史长河中,它被赋予了多种意义和使命。

桃是"福寿"的象征。年画中的老寿星, 总是右手拿拐杖, 左手捧仙桃。人们在给老人祝寿时,寿桃就成了最受欢迎的礼品。桃是"喜庆"的象征,王母娘娘的瑶池盛会,就是以"蟠桃"为主的喜宴。人们举办喜庆活动时,"四喜果盘"中总要有一盘鲜桃。桃是"仁义"的象征,刘关张"桃园三结义"就是在桃园里进行的,人们也就把桃当成了"仁义"的见证物。桃是"美好"的象征,在形容女人漂亮时,称其是"人面桃花";形容人们向往的地方时,称其为"世外桃源"……

此外,桃还能驱邪保平安,人们最常联想到的是桃符和桃木剑。宋代王安石的《元日》写道:"千门万户曈曈日,总把新桃换旧符。"桃符可视为春联和门神画的前身,而《封神榜》中姜太公降妖兴周用的就是桃木剑。

桃是果中佳品、百果之冠,不论是果肉、桃核、桃花、桃叶、桃枝和桃胶都可入药。《本草纲目》记载,新鲜的桃性温,味甘,具有补中益气、养阴生津、润肠通便的功效。桃子特别有益于肺脏，民间还用桃子治疗虚劳喘咳。

桃仁入药可以破血散瘀、润肠通便。在一些中医的经典名方中，如汉代《伤寒论》里治疗下焦蓄血症的桃核承气汤，明代《万氏女科》里治疗瘀血内阻症的桃仁四物汤，清代《医林改错》里治疗胸中血瘀症的血府逐瘀汤，桃仁都是重要的一味。桃花可令人好颜色，润泽颜面，但桃花不能久服，会损伤元气。桃叶可清热解毒、杀菌止痒。桃枝有活血通络的作用，对治疗风湿性关节炎有不错的功效。

被很多女士追捧的美容利器——桃胶，其实就是桃树的果胶。桃胶在生活中是比较常见的，可以泡水、煲汤，也可以直接食用。桃胶的主要营养成分是桃胶多糖。桃胶中的"胶"只是说它有"胶"的韧性和黏性，但并不含有胶原蛋白，因此也不具美容养颜的功效，只是说其中的成分能提高人体的饱腹感，同时还能为皮肤补充一点水分和营养。

消暑纳凉图

壬寅夏于津门漫画

小暑三候：初候温风至，二候蟋蟀居壁，三候鹰始鸷

养
生

小暑之季，酷暑难耐，为求得一丝凉爽，人们往往忽略了防病保健，引发身体各种不适。此时应当晚睡早起，保持心情舒畅，使阳气宣泄通畅。

暑热起居 切忌贪凉

小暑养生首先要避开"桑拿天"，闷热天气尽量少出门、少活动，即使出门也不能长时间暴露在露天环境中。为了让体内的湿气散发出来，应尽量在早晚温度稍低时进行散步等强度不大的活动。

饮食有度 均衡有洁

在饮食调养上，要改变饮食不洁、偏食的不良习惯。

夏季饮食不洁是引起多种胃肠道疾病的元凶，如痢疾、寄生虫等疾病，若进食腐败变质的有毒食物，还可导致食物中毒，引起腹痛、吐泻等。因此，特别提醒，在夏季，要格外注意防范肠道传染病，避免伤及肠胃。

小暑时节饮食以清淡为主，可食用绿豆百合粥，具有清热解毒、利水消肿、消暑止渴、降胆固醇、清心安神和止咳的功效；南瓜绿豆汤同样具有清暑解毒、生津益气的功效。蔬菜应食绿叶菜及苦瓜、丝瓜、南瓜、黄瓜等，水果则以西瓜为好。

少食辛辣油腻之品，不宜过食冷饮及碳酸饮料，以免伤脾胃，聚湿生痰。

大暑 *Greater Heat*

盛夏酷暑 流金浮光

晓出净慈寺送林子方

宋·杨万里

毕竟西湖六月中　风光不与四时同

接天莲叶无穷碧　映日荷花别样红

　　大暑是一年中最热时。"大"者"极"也，"暑"者"热"也。人在暑热之中，总期盼能寻得一丝清凉，而寻得这丝清凉需有一份心境和心静。

　　欣赏暑热之美便是一份心境。《红楼梦》里有"赤日当空，树阴合地，满耳蝉声，静无人语"的十六字盛夏白描，极为贴切。在大暑时节，我们期盼诗人白居易笔下"何以销烦暑，端坐一院中，眼前无长物，窗下有清风"的意境，也更需要文学家沈复"舟窗尽落，清风徐来"的夏日凉爽。夏天的乐趣就是候风、赏风和沐浴在清风明月时的美妙光景。

　　夏日追凉追的是心静。追寻的不是杜甫的"竹深留客处，荷静纳凉时"，也不是南宋文学家杨万里的"竹深树密虫鸣处，时有微凉不是风"，我们追寻的是内心的安和与清静。《大学》上讲："知止而后有定，定而后能静，静而后能安……"心静自然凉，内心安和，便觉清风自来、凉爽自生了。

烧仙草

大暑，一年之中最热的时节。

农耕时代的农人无惧冷热，他们甚至说：

"不冷不热，不成年景。"伏天汗流浃背，是稀松平常之事。汗渍把蓝色的衣衫浸成盐碱地图般的斑块，湿的部分黑，干的部分白。宋代司马光《六月十八日夜大暑》中写道："老柳蜩螗噪，荒庭熠耀流。人情正苦暑，物怎已惊秋。月下濯寒水，风前梳白头。如何夜半客，束带谒公侯。"手把锄做，汗珠一摔八瓣，晶莹的汗珠滴落在日子成诗的韵脚上，结图在宽大摇摆的衣衫上，凝出一片片一团团盐白如雪的汗斑，才显得舒爽通透，才活得酣畅淋漓。

夏日炎炎，暑热至极，消暑的活动和民俗成了大暑时节的重点。消暑的方式各有不同，重点还是在吃食上。北方人夏日消暑少不了绿豆汤。绿豆可入药，其本身也是清热解毒的佳品。《本草汇言》记载绿豆"清暑热，静烦热，润燥热，解毒热"。大锅熬绿豆汤，再置入壶中放凉，其汤绿中泛红，暑日饮之，解渴消暑，如放在冰箱中冰镇一下，更是清凉爽口。饮食消暑喝绿豆汤，而在山东则是"喝暑羊"，也就是在大暑的日子喝羊肉汤，以此犒劳自己上半年的辛勤劳作，以调补好身体为下半年的艰苦劳作打下基础。此外，在我国南方还有吃荔枝、吃"仙草"、吃凤梨来消暑的。

大暑节气还有晒伏姜的习俗。在山西、河南等地，大暑期间的三伏天，人们会把生姜切片或者榨汁后与红糖搅拌在一起，装入容器中蒙上纱布，于太阳下暴晒，待其充分融合后食用，对老寒胃、伤风咳嗽等有奇效,并有温暖保健的功效。此外,民间还有大暑饮伏茶的习俗,将青蒿配上茶叶、陈皮、六月霜、白菊花、十滴水制成茶包,以解暑热。

天津人在这最炎热的时节讲究吃捞面。郭德纲在一档节目里曾说,天津人吃面能吃出春夏秋冬四季。这伏里最具特色的就是麻酱面和花椒油面。麻酱面的诀窍在于澥麻酱:攮出三四勺麻酱放在一个小碗里,加上小半勺盐,然后一边用筷子搅拌均匀一边慢慢往里加水,不一会儿,麻酱就澥好了。有些人还喜欢在里面点上一点醋,味道又有所不同。澥好了麻酱还不算完,热锅凉油下花椒,炸出的花椒油香气四溢,浇在面条上,正因为有了恰到好处的花椒油,这碗麻酱面才够味儿。在老天津卫眼里,没有花椒油的麻酱面是没有灵魂的!

天津的打卤面那叫一个"绝"!不光有菜码,还要配炒菜,有糟熘鱼片、清炒虾仁、糖醋面筋、尖椒肉丝等。到了最热的时节,菜码以时令蔬菜为主,黄瓜丝、胡萝卜丝、豆芽菜、菠菜、豆角、青豆、黄豆、红粉皮……天津民间早就有了"铁打的捞面流水的卤"的说法。卤子用的是经典的三鲜卤,做起来可不简单,食材鲜美丰富。肉片、虾仁、鸡蛋、香干、面筋、香菇、黄花菜、木耳,都是好东西,混合在一起熬成香浓的三鲜卤,拌面的滋味儿回味无穷……

品性高洁的夏莲

如果选一种植物代表夏天,那必定是莲。"出淤泥而不染,濯清涟而不妖。""接天莲叶无穷碧,映日荷花别样红。"咏颂爱莲的诗句不胜枚举。

莲花也称荷花,属毛茛目、莲科,又名芙蕖、芙蓉、水芝等,是莲属多年生水生草本花卉。地下茎长而肥厚,有长节,叶盾圆形。花单生于花梗顶端,花瓣多数,嵌生在花托穴内,有深红、粉红、白、淡紫等色,或有彩纹、镶边。雄蕊多数,雌蕊离生,埋藏于倒圆锥状海绵质花托内,花托表面具多数散生蜂窝状孔洞,受精后逐渐膨大称为莲蓬,每一孔洞内生一小坚果(莲子),小坚果呈椭圆形或卵形。

"青荷盖绿水,芙蓉披红鲜。下有并根藕,上有并头莲。"这首晋代乐府《青阳渡》生动地描绘出了莲多样而丰富的形态。莲一身都是宝,莲的根状茎,我们称之为"藕",可作蔬菜或提制淀粉(藕粉);种子(莲子)可煲汤煮粥或做糕点(莲蓉);莲花可供观赏。莲除了食用和观赏价值外,其叶、叶柄、花托、花、雄蕊、种子、胚芽(莲子心)及根状茎均可药用。

自古莲子就为珍贵食品,莲子粥是极好的滋补营养品。藕是百姓常食的蔬菜，而莲叶、莲花、莲蕊、莲藕等还会被制成莲房脯、莲子粉、藕粉、藕片夹肉、荷叶蒸肉、荷叶粥等。除食用外，莲的多部位可入药。《本草纲目》中记载：荷花、莲子、莲衣、莲房、莲须、莲子心、荷叶、荷梗、藕节等均可药用。荷花能活血止血、去湿消风、清心凉血、解热解毒。莲子能养心、益肾、补脾、涩肠。莲须能清心、益肾、涩精、止血、解暑除烦，生津止渴。荷叶能清暑利湿、升阳止血、减肥瘦身，其中荷叶简成分对于清洗肠胃、减脂排瘀有奇效。藕节能止血、散瘀、解热毒。荷梗能清热解暑、通气行水、泻火清心。

莲花因品性高洁，清艳不妖，自古就被文人墨客所喜爱，从《诗经》到《爱莲说》，再到朱自清先生的《荷塘月色》，从古至今有太多赞颂莲花的文学作品。此外，莲花在宗教、建筑、音乐、绘画等诸多领域都有其独特的存在，也成为中华传统文化中的精粹。

人情正苦暑，
焦阳日晃然
阵阵荷香
拂面来
莫郊之气

大暑三候：初候腐草为萤，二
候土润溽暑，三候大雨时行

大暑节气是一年当中最热的时节,人很容易中暑。此时,天气多以潮湿闷热为主,所以从传统养生学的角度讲,要注意"暑湿"的预防。

多饮暖水 助益消暑

夏季养生十分推崇饮用白开水。为了解渴有人一次性饮水过多,殊不知这样会增加心脏负担,使血液浓度快速下降,甚至出现心慌、气短、出虚汗等现象。尤其在酷暑季节,人们由于出汗较多,体内水分缺失,更易口渴。即使渴极了,也不要一次性大量进水,应先喝少量的,停一会儿再喝。

清热消暑 药物常备

时值盛夏,高温天气增多,首防中暑。不少人认为只有在高温的室外才会中暑,其实不然。在湿度太高和通风不良的闷热环境里,气温虽然并未到达高温,人同样也可能发生中暑。夏日中暑,轻则头晕、乏力,重则嗜睡、昏迷、痉挛,甚至会有生命危险。所以外出时需备遮阳物品和充足的水,亦可随身携带十滴水、风油精等防暑降温的药品应急。

"度暑粥"可以选择绿豆百合粥、西瓜翠衣粥、薏米小豆粥,这些食材都具有补气清暑、健脾养胃的功效。也可以放一些淮山药、茯苓等药材,祛湿效果会更好。

夏天肠胃吸收消化能力较弱,忌吃辛辣食物。勿饮用大量冰镇饮料,稍有不慎就会造成胃肠不适,进而导致腹泻。

立秋

立秋

宋·方岳

秋日寻诗独自行 藕花香冷水风情

一凉转觉诗难做 付与梧桐夜雨声

小语

夏意未尽,秋风已来。《管子》曰:"秋者阴气始下,故万物收。"

立秋是古时"四时八节"之一。春生、夏长、秋收、冬藏,循环往替,时序井然,二十四节气铭刻着一年分明的四季。

"律变新秋至,萧条自此初。"司空曙的《立秋日》为人们描绘出了一幅凉意初现的安闲清秋画面。对凉意最为敏感的是梧桐,立秋一至,便落叶始飞,故有"梧桐一叶落,天下尽知秋"的说法。

诗人对秋的吟诵颇多,"空山新雨后,天气晚来秋""夜茶一两杓,秋吟三数声",秋的诗情画意跃然而生。

立秋乐事,似乎都与吃有关。摸秋、咬秋、贴秋膘。秋的时节,不止诗情画意,还有满满的烟火气。秋天是值得讴歌的:"我从垄上走过,垄上一片秋色……感知秋意,近观秋色。正如唐代文学家刘禹锡诗中所写:"自古逢秋悲寂寥,我言秋日胜春朝。"人生一世,草木一秋。让生命从容而坦荡,让万物与山水共清欢。

红烧肉

秋天是让人感到欢喜的季节，天高云淡，人身清爽，收获在望，谷粟满仓。不是立秋了就是秋天了，总要有一场瑟瑟的凉风、一场潇潇的夜雨，天地间陡然有了凉意，这才算跨入秋的门槛。

每个生活在乡村的孩子都有过在秋夜草丛里寻觅蛐蛐的经历，有的地方叫它们"纺织娘"，其实都是蟋蟀。那声音极像让香腮云鬓的花木兰愁眉不展的"唧唧复唧唧"的织布声。它们从古织到今，仍然难以理出个头绪，织不出一匹布来。

蟋蟀是属于秋天的古老的虫儿，它从《诗经》里爬出，叫声一直流淌到现在，玄衣皂甲，古风犹存。在《诗经·七月》里唱过："五月斯螽动股，六月莎鸡振羽。七月在野，八月在宇，九月在户。十月蟋蟀入我床下。"蟋蟀从田野、宇户向人类靠近，用清脆的声音和人类互相取悦。

秋天是收获的季节，人们对秋天满怀期待，自然少不了极具特色的习俗活动。旧时有"立秋称水测秋涝"的习俗。在立秋前后，取同样大小的容器装满水，然后称重。如果立秋前的水重，就表明伏水重，那么秋天雨水就少；如果立秋后的水重，那么秋天雨水就多，有可能形成秋涝，故有"秋水长，买鱼网"的说法。立秋要称的不仅是水，还要"称人"。旧时民间流行在立秋悬秤称小孩的体重，再和立夏时的体重进行对比，如果轻了，则说明夏日过得苦，要在秋天补一补了，就要"贴秋膘"了。

观看【二十四节气故事】
学习【二十四节气养生】
品读【二十四节气诗词】
微信扫码

经过不思饮食的"苦夏"之后，立秋的习俗中自然少不了与吃相关的内容。天津在立秋的日子就有"咬秋"之说。人们相信立秋时吃瓜可免除冬天和来春的腹泻。清代张焘的《津门杂记·岁时风俗》中就有这样的记载："立秋之时食瓜，曰咬秋，可免腹泻。"那时，人们在立秋前一天把瓜、蒸茄脯、香糯汤等放在院子里晾一晚，于立秋当日吃下，为的是清除暑气、避免痢疾。立秋这天，早晨吃甜瓜，晚上吃西瓜。吃西瓜时要先用小刀在西瓜上开一个三角形的口子，再放几调羹的白糖和几滴烧酒进去，把口封好，让白糖融化，渗到瓜瓤里头。有的人还要计算立秋的准确时刻，准时准点切开来吃，让进入秋天的第一刻感受到盈口的清爽甘甜与美妙。

这个季节，天津海边的渔民在房前屋后铺上苇席，然后把刚打捞上来的鲜针扎鱼薄薄地撒在上边，让干燥的风带走它的水分。风干的针扎鱼可以炒菜也可以煲汤，但最好的方式是油炸。当年，人们把风干后的针扎鱼保存到过年时再吃，把它裹上点儿面糊，用油炸成金黄色，那种入口鲜香脆爽的滋味，是吃了酒肉之外的另一种享受。

立秋，有天气微凉的喜悦，也有万物将熟的盼望，更有爽口爽心的惬意。

左手琵琶，右手枇杷

中国有一种乐器叫琵琶，有一种植物叫枇杷。这两种不相关的物品，为何音同字不同呢？它俩是谁盗了谁的名呢？

汉代刘熙的《释名·释乐器》中最早对乐器琵琶有这样的记载："批把本出于胡中，马上所鼓也。""批"和"把"是指两种弹奏乐器的手法，"批"是右手向前弹出，"把"是右手向后挑进。"琵琶"就是根据其演奏手法而得名。

药圣李时珍在《本草纲目》中详细地考证了枇杷的名字，引用了《本草衍义》的记载："其叶形似琵琶，故名。"这就说明乐器琵琶之名在先，植物枇杷之名在后。

《本草纲目》中记载：枇杷果能止渴下气，利肺气，止吐逆，主上焦热，润五脏。如果咽喉干痒、疼痛、声音嘶哑、咳嗽不停，可将雪梨、枇杷一同煮水，放凉后加入蜂蜜，有润肺止咳、清热化痰的功效。枇杷虽好吃，但是由于枇杷含糖量比较高，容易助湿生痰，糖尿病人、脾虚或经常腹泻的人应少吃。

在服用中成药枇杷膏或枇杷糖浆时，如果仔细阅读说明书你会发现一个问题，药品的成分里其实不是枇杷果而是枇杷叶。这是因

立秋

为枇杷叶性味偏凉，可以清肺热、降胃气，功效更强。《本草纲目》记载：枇杷叶治肺胃之病，大都取其下气之功。气下则火降痰顺，可使逆者不逆、呕者不呕、渴者不渴、咳者不咳矣。口渴的人吃了它就不渴了，咳嗽的人吃了它就不咳嗽了。

枇杷叶治肺热咳嗽有奇效。李时珍在《本草纲目》中特别引用了宋代药物学家寇宗奭记载的一个病例。有一个妇人患肺热久嗽，身如火炙，肌瘦，将成肺痨。用枇杷叶、木通、款冬花、紫菀、杏仁、桑白皮再加上大黄制成丸药，饭后和睡前含化一丸，一个疗程还没有服完，病就好了，现代中药治咳川贝枇杷滴丸中就是以枇杷叶入药。

在野外采集来的枇杷叶不建议用来煮水喝，因为枇杷新叶上布满小绒毛，在煮水的过程中很容易落入水中，食用后会刺激口腔黏膜，对咽喉、肠道敏感的人群会产生不适。另外，枇杷新叶轻微带有毒性，生吃会释放出微量氰化物，要经过冲洗、煎煮后才能食用。因此，在煮制枇杷叶水时使用老叶更为安全和有效。

立秋三候：初候凉风至，二候白露降，三候寒蝉鸣

104

立秋后，人们在享受秋日带来的丝丝凉爽的同时，炎热仍未消散。所以立秋养生保健的关键词是防暑和除湿。

健脾和胃 谨防秋泻

立秋时节，人的食欲增强，暴饮暴食易使胃肠负担加重，导致功能紊乱。另外，秋季气候多变，昼夜温差大，易引起腹部着凉，致使肠蠕动变化而导致腹泻。预防秋季腹泻重在保养脾胃，防止胃病复发。经过一个夏天的"煎熬"，很多人脾胃功能相对较弱，因此饮食上不要暴饮暴食，勿吃口味太重的食物，也少吃过凉的食物以及不好消化的食物。比较适合健脾胃的食物有薏米、莲子、扁豆、冬瓜等。

增强体质 预防感冒

初秋时节，气温差异明显，午后的对流天气及大范围冷空气活动，都会造成气温骤降，从而挑战人体的免疫力。因此，要增强体质，防止感冒的侵袭。

"益肺气滋肾阴，养肝血润肠燥"，这是秋天饮食之要。要多吃些滋阴润燥的食物，如银耳、甘蔗、燕窝、梨、芝麻、藕、菠菜、豆浆、鸭蛋、蜂蜜、橄榄等。多吃一些酸味的水果和蔬菜，可选择苹果、石榴、葡萄、芒果、杨桃、柚子、柠檬、山楂等。

入秋后，食物丰富，往往进食过多。摄入量过多，会转化成脂肪堆积起来，使人发胖。此时，切记不要暴饮暴食，少吃一些葱、姜、蒜、韭、椒等食物。

处暑 *End of Heat*

浅秋送爽 天古高远

早秋曲江感怀

唐·白居易

离离暑云散　袅袅凉风起

池上秋又来　荷花半成子

小语

　　一年一夏尽,浅秋宜醉人。

　　处,是停止的意思。处暑,是暑气将从这一天结束。二十四节气中的热,可分为三个层次,小暑、大暑、处暑。处暑一过就意味着进入气象层面的秋季,北方就没有真正意义上的热天了。

　　秋风应了节令,舒爽得沁人心脾。这是一年之中最舒服、最丰饶的时候。秋水伊人,静秋怜幽;天上彩云,逸散不聚;大鹅起舞,水鸭浅唱。"露蝉声渐咽,秋日景初微。"浅秋的自然之美令人陶醉。

　　处暑,有作别的意境。从"离离暑云散,袅袅凉风起"到"处暑无三日,新凉直万金"。在当代文学家冯骥才的笔下,"四季就是在每一个节拍里,大地景观自然地更替与更新。起始如春,承续似夏,转变若秋,合拢为冬"。

　　我们的人生如走过的四季,谙尽芳菲,始知淡则味真,君子之交淡如水。在千变万化的时空中,辨物居方,谨言慎行,我们才能行稳致远。《荀子》言:"君子安雅。"这也就是我们遵循的安身立命的根本。

四时悠然

LEISURE IN THE
FOUR SEASONS

鸭 肉

处暑即"出暑"，意味着时令将进入气象意义的秋天，这时候我国黄河以北地区气温逐渐下降，黄河以南地区"处暑天还暑，好似秋老虎"，而真正进入秋季的只是东北和西北地区。

如果说夏天最想看的花是荷花的话，那么处暑时节最心仪的"娱乐节目"便是放荷灯了。"荷"与"河"谐音，放荷灯在民间又称放河灯。一方面是处暑前后民间有过中元节的民俗活动，人们放荷灯，用以表达对逝去亲人的悼念之情；另一方面，"荷语高洁"，人们借此燃一炷荷香，静心向晚，为未来美好的生活祈福。

放荷灯是我国传统的习俗。清人富察敦崇《燕京岁时记》中写："市人之巧者，又以各色彩纸，制成莲花、莲叶、花篮、鹤鹭之形，谓之莲花灯。"让廉《京都风俗志》有所谓"于暗处如万点萤光，千里鬼火，亦可观也"的记载。查慎行《京师中元词》云："万柄红灯裹绿纱，亭亭轻盖受风斜，满城荷叶高钱价，不数中原洗手花。"

现在，一些水陆通衢的地方，将民俗中的放荷灯逐渐演变成了生态旅游开发项目，且大受市民和游人的欢迎。据报道，已纳入雄安新区的河北安新，确定每年7月1日至10月1日为荷花节，节日期间燃放荷灯，人们或是在白洋淀边，或是划船到白洋淀里，燃荷灯、放荷灯，由衷抒发对现时生活的珍重珍惜、对未来充满信心的丰沛情感。

"暗淡轻黄体性柔，情疏迹远只香留。何须浅碧深红色，自是花中第一流。梅定妒，菊应羞……"（李清照的《鹧鸪天》）桂花在处暑时节悄然开放了，细细碎碎的花，淡黄，掩在碧绿的桂叶间，不仔细留意，察觉不到，香气却藏不住，弥漫在空气中，一不小心，被鼻子闻到了，城里不知季节变化，桂花知道。

处暑是收获的季节，民间有祭祀土地的习俗，农家准备供品或在田间或在土地庙中，感谢土地给予的丰厚收成，并祈求来年风调雨顺。还有习俗是到了这一天从田里干活回家不洗脚，感恩泥土，不把丰收喜气洗掉。沿海渔民在处暑节气，要举行隆重的开渔节，欢送渔民出海，祈愿鱼获多多，祈求平安。部分地区在处暑节气还有"煎药茶"的习惯，为秋冬健康做准备，此俗早在唐代已经盛行。处暑节气，天津人喜吃萝卜，有"处暑吃萝卜胜人参，保健养生就靠它"的说法。浙江温州则有"处暑酸梅汤，火气全退光"的谚语，让酸梅汤消暑提神。

这真是，处暑一到清爽至，秋风袭来人惬意。

百年好合忘忧愁

新人的婚宴上往往会有一道菜——炒百合，以祝福夫妻二人恩爱有加、"百年好合"。而在我国一些地方的婚俗中，新郎新娘进洞房时，还要同饮百合汤。人们喜欢把百合花的图案绘在洞房的屏风上，抑或绣在枕巾、床单上，祝福新人百年好合、早生贵子。无论是东方还是西方，百合花都被认为是圣洁的象征。

百合的鳞茎由许多白色鳞片层环绕合抱而成，状如莲花，因而得名"百合"。百合入药始载于《神农本草经》。中医认为其性平，味甘微苦，无毒，入心、肺二经，具有养阴润肺、清心安神之功效。乾隆的《题邹一桂写生·百合花》中就有描写百合鳞茎可供食用的句子："接叶开花玉瓣长，云根百叠可为粮。"百合是一种非常理想的解秋燥、滋润肺阴的佳品，家中可以自制蒸百合、百合红枣汤、百合莲子汤等药膳。

百合花是一种能使人忘记烦恼的植物。闻百合花香即可消除烦躁，保持心胸舒畅。百合花开放时，会散发出淡淡幽香，因此，中国的古人把它和水仙、栀子、梅、菊、桂花和茉莉合称"七香图"，深受人们的喜爱。百合花在南北朝时期就成为宫苑名花，南朝西梁宣帝萧訾（同察）诗云："接叶有多种，开花无异色。含露或低垂，从风时偃抑。甘菊愧仙方，丛兰谢芳馥。"赞美百合花具有超凡脱俗、矜持含蓄的气质。而到了宋代，诗人吟咏百合花是最多的。大诗人陆游描写百合花的诗就不下三首，宋代诗人韩维的《百合花》诗更是把百合花称为"真葩"。古今中外许多文人雅士往往会在花园里栽植数株百合，闻香雅聚，品茗读书，饮酒抚琴，吟诗作画，享受恬美愉悦的人生。

有一首人们耳熟能详的歌曲《野百合也有春天》，这首歌中描绘的野百合多生长在村边、路旁及溪沟草丛中，或是山坡、灌木林下。其实，野百合也有很高的药用价值。野百合味甘、淡，性平，具有消积利湿、止咳平喘、抗癌解毒的功效。所以，"别忘了山谷里寂寞的角落里，野百合也有春天……"

处暑三候：初候鹰乃祭鸟，
二候天地始肃，三候禾乃登

处暑有夏季"热"的特点，也兼备秋季"燥"的特性。此时正是处在由热转凉的交替时期，自然界的阳气由疏泄趋向收敛，人体内阴阳之气的盛衰也随之转换，起居作息也要相应地调整。

🍲 预防秋燥　精神调养

预防秋燥首先要确保充足的睡眠及睡眠质量。睡眠要保证6小时以上，建议坚持每天午睡半小时。加强晨练，从早晨刚醒来开始，可在床上进行吐纳、叩齿、咽津及调息等功法，然后再下床到室外进行体育锻炼。还要重视精神的调养，并以平和的心态对待生活事物，以顺应秋季收敛之性。

🏺 秋冻有度　量力而行

当天气变化比较平缓时或是气候较暖和的中午，少穿一点衣服，使身体略感凉意，但不感觉寒冷，有益健康。一旦有寒冷空气活动造成气温急剧下降，或者早晚气温非常低时，就不要一味地追求"秋冻"，应该及时、适当地增衣保暖。特别是在下雨时，年老体弱者要适当增添衣服。

🥢 处暑饮食养生讲究淡补，以清热化湿、健脾化湿、润肺滋阴等为主，不妨吃以下食物：梨、葡萄、百合、菠菜、莲藕、银耳、鸭蛋、粳米、薏米、红小豆，多喝水和牛奶。

🥢 民间常说"秋瓜坏肚"，所以处暑时节有"吃果不吃瓜"一说。尤其是处暑过后，天气开始干燥，会加重秋燥对人体的危害，忌食生姜，因古医书中有载："一年之内，秋不食姜。"

白露
White Dew

金风玉露 人间仲秋

月夜忆舍弟
唐·杜甫

戍鼓断人行 边秋一雁声
露从今夜白 月是故乡明
有弟皆分散 无家问死生
寄书长不达 况乃未休兵

小语

"白露，阴气渐重，露凝而白也。"民间有"白露秋风夜夜凉"的说法，白露前后，天气开始转凉了。

白露时节，秋意渐浓，也意味着进入了一年之中的收获季节。秋果飘香，稻穗金黄；金风送爽，云淡风轻；万里烟波起秋霜，秋水共长天一色……

白露对于中国人来说是充满诗意的。从《诗经》中的"蒹葭苍苍，白露为霜"到"玉阶生白露，夜久侵罗袜"，再从"遍渚芦先白，沾篱菊自黄"到"露从今夜白，月是故乡明"，诗里画外，一股初秋的清怨油然而生。

人们还说，白露节气的人文含义是教化启蒙："春蚕到死丝方尽，蜡炬成灰泪始干。"师德，就像清晨草地和花蕊上的露珠一样晶莹剔透、洁白无瑕，无私地滋润着世间万物。"君子以常德行，习教事"。当白露遇上教师节，师恩难忘，仁者爱人。桃李天下满人间，金风玉露仁者寿。

四
时
悠
然

LEISURE IN THE

FOUR SEASONS

米 酒

拟欲青房全晚节，岂知白露已秋风。草沾凝露，夜半微凉，白露时节，提醒着人们秋意渐浓。

白露晞，翠莎晚。泛绿漪，兼葭浅。清风徐来诗意寒，带着些许沁凉，拂遍花草、秋水，芳草愁，月如洗，醉卜烟波万里。白露，是凉凉素洁的韵脚，宛如浅浅清秋的发簪。

露珠，娇小明润，一颗无遮无拦的心，爱着万物，拥抱万物，诗意盎然，凭着这些，露珠的人缘极好。白居易爱露珠，他喜欢"风池明月水，衰莲白露房"的诗情画意。"白露欲凝草已黄，金管玉柱响洞房。"沈约的阔达心境，以白露为心。雍陶说"白露暧秋色，月明清漏中"，白露和秋是天生一对，相互依偎与温暖，厮守着明月胸怀。当然，李白也是露珠的拥趸，"芳草歇柔艳，白露催寒衣"，白露声声叨念，像是慈母那瞩目的眼神。

清风吹枕席，白露湿衣裳。农人那时要看场，刚收割脱粒的稻谷放在场地，晚上是要有人看着的，每每这时，很多父子携被露宿。月光光，星点灯，看场人感觉自己就是那稻谷上的一滴露珠，晃荡在旷野之中。四野只剩露水的沁凉气息在满溢。清晨，露水挂满了树下的蛛网，晶亮亮，在清风中欲坠。被子上潮兮兮，但依旧温暖。

时处金秋，收获日子临近，白露时节的天气对农业种植和收获有很大影响，所以许多地方形成了过白露节的习俗。在这一天，人们将收获的粮食、果蔬、鱼肉拿出来供奉神灵，祈求保佑来年丰收。天津九河下梢，渠沟纵横，人们在实践中总结出白露节是天津河水流量的转折点，白露一过，标志着当年汛期即成过去，人们聚餐相庆，渐成风俗。

麦黄时节，渤海湾的潮头不寂寞，新生代的鱼虾们在热水头争抢着美食争取快快长大。当潮水涨来时，被阳光晒热乎的水头推着海滩上晒出来的黄泥沫子一直向岸边奔来，这样的水头里会有很多鱼虾的幼苗，闹的最欢的是梭羔儿。海下人把不够一尺长的小梭鱼都叫梭羔儿，麦黄时节的梭羔儿虽然还很小，但它们已经是勇站潮头的强者。这些以黄泥汤儿、黄泥沫子为食的小家伙，一边赶着潮水吃饱肚子，一边在潮头嬉戏打闹，它们是幸福的，因为它们的父辈就站在身后欣赏着它们的成长。那些站在身后欣赏它们的尺余长的身上闪着金色光泽的梭鱼，海下人称"麦黄丁"，它们将一直陪伴到"高粱红"的季节。高粱红了，梭鱼的体表从金黄转向红润，也完成了对梭羔儿的培养。这时的梭鱼羔儿不再满足追赶潮头的乐趣，它们又喜欢上了逆水搏击，常在水流湍急中展示自己的雄姿，一副高傲的奋斗者的姿态。

"人间仙草"石斛

石斛初听起来不像是一种植物，而更像是一种工具。殊不知，石斛可是传统名贵中药，唐代《道藏》把石斛列为中华九大仙草之首，只是因为其外形有点像古时称粮食用的计量工具——斛，又因为其喜阴生长在岩石缝隙中，所以才被称为石斛。

自古就被视为"人间仙草"的石斛有很多传说。相传，徐福为秦始皇求仙草，历尽艰辛寻得"紫楹仙姝"并为秦始皇炼成长生仙丹，后因叛军围困，秦始皇没能吃上仙丹而驾崩。而徐福所寻找的"紫楹仙姝"有很多便是长在深山里的石斛。据传，乾隆就喜欢以石斛养生，当时宫廷御医养生方案很多，养生品也很多，而乾隆独爱石斛，以其滋阴养生，某种意义上讲，石斛助力乾隆成为中国历史上执政时间最长、年寿最高的皇帝。

石斛具有益胃生津、滋阴清热的作用，是传统名贵中药，被《本草衍义》《本草蒙筌》《本草逢原》《本草纲目拾遗》等历代本草药籍所推崇，素有"千金草"之称。其性味甘淡微咸，寒，入胃、肺、肾经。《神农本草经》认为："石斛治伤中，除痹下气，补五脏虚劳、羸瘦，强阴。久服可厚肠胃、轻身延年。"中医认为，石斛属于补阴药，具有益胃生津、滋阴清热的作用,可用于热病津伤、口干烦渴、胃阴不足、病后虚热不退、阴虚火旺、骨蒸劳热、目暗不明、筋骨痿软等症。现代医学分析,石斛含有生物碱类、多糖类、黄酮类、酚类等多种化学成分,其中生物碱为其主要药理活性成分,具有降血糖、改善记忆、保护神经、抗白内障、抗肿瘤等药理作用。

有人分不清石斛和枫斗的关系。枫斗是石斛的产品名,之所以要加工成枫斗,是因为要将石斛的黏液成分固化,以最大限度保留其药用价值。

石斛是极其珍贵的植物,被列入《国家一级保护植物名录》。高品质的石斛具有极高的经济价值,云南产铁皮石斛加工成的"广南西枫斗""黑节西枫斗""吊兰西枫斗"等价格不菲。

白露节 中秋到
觑从今夜白月
書 ...... 明月為輝 書

白露三候：初侯鸿雁来，二侯
玄鸟归，三侯群鸟养羞

白露时节，秋燥伤人，容易耗人津液，常会出现口咽干苦、大便干结、皮肤干裂的现象。可多吃富含维生素的水果蔬菜。此时饮食宜减苦增辛，以养心肝脾胃，不宜进食太饱。

秋吃早粥 切莫贪凉

白露时节多吃点温热的、有补养作用的粥食，既能治秋凉，又能防秋燥，对健康大有裨益。白露节气一过，早晚温差较大，应该及时添衣加被。睡卧不可贪凉，否则极易患上感冒。

搓耳泡脚 动静结合

从白露开始，晚上坚持用温水泡脚15到30分钟，水没过脚腕，泡到身体微微发热最好。泡脚的同时把耳朵和腰部搓热，肾开窍于耳，搓热耳朵能有效补养肾气。

运动量及运动强度可较夏天适当加大，但选择运动项目应因人而异、量力而行，以汗出但不疲倦为度。

宜以清淡、易消化且富含维生素的素食为主。多吃梨、银耳、蜂蜜、百合、枸杞、萝卜、豆制品等，以及橙黄色蔬菜，比如南瓜、红萝卜等，绿叶蔬菜补足维生素C也很有必要，如芥兰、菠菜、绿菜花等。

忌吃味厚滋腻、性质寒凉、利气消积、易损伤脾气的食品，少吃带鱼、螃蟹、虾类、韭菜、生冷食物腌制菜品和过于甘肥油腻的食物。

秋分 Autumnal Equinox

昼夜均半 桂子飘香

小语

秋词二首·其一

唐·刘禹锡

自古逢秋悲寂寥　我言秋日胜春朝

晴空一鹤排云上　便引诗情到碧霄

　　节令是缓缓而至的时光列车。白露刚过，又值秋分。秋分，意味着秋天过去了一半，昼夜均而寒暑平。此后便是一场秋雨一场寒的天气了。

　　秋分时节，桂花飘香，十里可闻。"庭前丹桂香，篱外菊花黄。"此时，金风吹，菊花放，大地逐渐披上了金色的霓裳。"燕将明日去，秋向此时分。"北方的大雁南飞，碧空如洗，处处呈现出"落霞与孤鹜齐飞，秋水共长天一色"的动人景象。

　　秋分的哲学是一半、一半。秋分的"半"字，是知足，也是境界。所谓花看半开，酒饮微醺，恰如其分。中国人一直崇尚老子哲学讲的"知足不辱，知止不殆"，从而达到知足是福、知足常乐的美好状态。

　　"秋分客尚在，竹露夕微微。"人间百态，人情冷暖。见微知著，一叶知秋。细品人生，平淡是真。伤秋悲秋，不如乐秋。"我言秋日胜春朝。"内心温暖，心存善念，就是对生命最好的善待。

秋菜

燕将明日去，秋向此时分。秋分值秋半，昼夜均，寒暑平，与春分对应，又是一个时节转换的平衡点。秋分过后，气温渐低，慢慢步入深秋。

桂树开花，细细密密，层层叠叠，一派"叶密千层绿，花开万点黄"的景象。"暗淡轻黄体性柔，情疏迹远只香留。何须浅碧深红色，自是花中第一流。"诗人李清照笔下的桂花，如一个穿着碎花棉布裙的邻家女孩，体态轻盈，娇而不艳，于幽静处兀自开放。不似其他花儿那样，需要阳光或是皎洁的月色才能欣赏那别样的鲜艳美丽，你只需靠近，顷刻便被这香气温柔地包裹了。

秋意渐浓，好一派迷人的深秋景象：秋高气爽、凉风习习、风和日丽、碧空万里、大雁南飞、秋月皎洁、丹桂飘香、层林尽染、蟹肥菊黄……此情此景可用一首诗来描述："寒暑平和昼夜均，阴阳相半在秋分。金风送爽时时觉，丹桂飘香处处闻。雁向南天排汉字，枫由夕照染衣裙。良辰可惜无卿共，慎把情思托付云。"宋代谢逸描写秋分的一词中，我们也会情不自禁地陶醉于风清露冷、皎月光满、桂子飘香的诗情画意中："金气秋分，风清露冷秋期半。凉蟾光满，桂子飘香远。素练宽衣，仙仗明飞观，霓裳乱。银桥人散，吹彻昭华管。"

秋分时节是农作物收获、喜庆丰收的时节，我国自2018年起，将每

观看【二十四节气故事】
学习【二十四节气养生】
品读【二十四节气诗词】
微信扫码

年秋分日设立为"中国农民丰收节",这是第一个在国家层面专门为农民设立的节日,具有非凡的意义。秋分在古时本是帝王祭月的节气,但秋分每年具体日子有所不同,而且不一定是月圆之时,后来,人们就将"祭月"由秋分调至中秋。即便不再是祭月之日,秋分赏月依然是重要的节俗之一。秋风习习,秋夜微凉,秋月悬空,秋虫鸣叫,自是一番秋之美景。

秋分节气中的中秋节是天津人的大节。除了祭月、吃团圆宴外,自然少不了月饼。天津人的月饼很多是自己烙的,旧时家家都有做月饼的模子,图案有"福禄寿喜""月圆中秋"等字样,或是花草瑞兽的图案。天津的月饼是"家常烙",做法与做蒸饼相似,做好后即便放到除夕夜,月饼表皮都不会变干变硬,被称为"团圆饼"。此时节的皮皮虾还不算肥,在冰箱未普及时,天津渔人把吃剩的皮皮虾在苇席上晒干、剥肉。寒冬腊月腥货少了,口淡时把皮皮虾干用开水泡一小会儿,俗称"发"。发开后,炒韭菜、白菜、蒜苗,味道鲜美,可与蟹肉相媲美;包素馅饺子时,放上半碗皮皮虾肉,味道也是一绝。

桔梗的那些"梗"

看到桔梗,人们会首先想到朝鲜民歌《桔梗谣》。桔梗的根茎像人参,也被称作"小人参",而与桔梗相关的"梗"还不少。

俗称"小人参"的桔梗是一种非常珍贵的药材,在《金匮要略》《千金方》等典籍中均有记载,入药的桔梗是桔梗植物的干燥根部。《本草纲目》释其名曰:"此草之根结实而梗直,故名桔梗。"桔梗是一种多年生草本植物,植株比较高大,能够长到100厘米以上。桔梗花很漂亮,颜色为暗蓝色或者暗紫色,被称为包袱花、僧帽花或者铃铛花,叶片轮生,叶柄极短,叶片呈披针形或者卵状椭圆形。桔梗在我国大部分地区均有出产,以东北、华北产量较大,称"北桔梗",华东地区质量较好,称"南桔梗"。桔梗,味苦辛,性平,阳中阴也,归肺、胆二经。可宣肺、利咽、祛痰、排脓,适用于咳嗽痰多、胸闷不畅、咽痛音哑、肺痈吐脓。

桔梗不仅可以入药,还是朝鲜族人民喜爱吃的一种野菜。桔梗的吃法有很多,可以煎炒、凉拌或者炖汤,但最主要的吃法还是用来做泡菜。桔梗泡菜的做法也很简单,吃起来爽口,而且还有一定的保健价值。《桔梗谣》便是在吟唱这种常见却也珍贵的植物。与之相关的还有一个传说,据说,在长白山脚下生活着一户穷苦人家,家中有一个美丽的姑娘,名叫道拉基。她与村里一位砍柴的小伙子相恋了,两人经常一起去砍柴挖野菜,是村里最令人羡慕的一对。可是村里的地主对道拉基的美貌觊觎已久,只是苦无机会下手。一年饥荒,道拉基一家欠了地主的地租,于是地主便抓住时机逼迫道拉基父母以道拉基来抵债。小伙子知道了这个消息,愤怒地砍死了地主,自己也被关进死牢。道拉基悲痛不已,郁郁而终。临终前,她让父母把自己埋葬在每天和小伙子一同上山的路上。第二年夏天,姑娘的坟上开出一朵朵紫色的小花,人们叫它"道拉基",这种美丽的小花就是桔梗。

桔梗还可和蜂蜜调配,做桔梗茶,常饮能利咽化痰;与大米一起熬制桔梗粥,有润肺止咳的功效;与甘草配伍煎煮成桔梗汤,可清热化痰。

秋分三候：初候雷始收声，

二候蛰虫坯户，三候水始涸

秋分时节，养生保健的首要原则是顺应节气，收敛神气，保持平和心态。即在精神情志方面要收敛各种嗜好、欲望，保持宁和的心境，"使志安宁"，顺应秋之"容平"。

轻缓运动 循环气血

运动宜选择轻松平缓、活动量不大的项目。可以学习传统的太极拳、五禽戏、八段锦等"拳打卧牛之地"的功夫。锻炼的时候应注意，早晚较冷时，不宜过度在外面运动。可尝试快步走，走到微喘或微微出汗，可增强心肺功能、调整气血。早上凝神深呼吸三分钟，也大有裨益。

开阔心胸 登高药浴

情绪也要慢慢收敛，凡事不躁进亢奋，也不畏缩郁结。"心要清明，保持安静"，在节气时令转变中，可利用药浴使身心平和；也可以选择一些宁心安神的娱乐活动，如书法、绘画等；也可登高望远，以开阔心胸，使内心豁达。

饮食上要多吃一些清润、温润为主的食物，如芝麻、核桃、糯米、蜂蜜、乳品、雪梨、甘蔗等，这些都可以滋阴、润肺、养血，季节果品可以多食。

秋分时节忌生吃水生植物，如荸荠、菱角等，辛辣食物尽量少食，蒜、生姜、八角、茴香等调味品多食会助燥伤阴。

寒露 Cold Dew

鸿雁南归 菊有黄华

池上
唐·白居易

袅袅凉风动　凄凄寒露零
兰衰花始白　荷破叶犹青
独立栖沙鹤　双飞照水萤
若为寥落境　仍值酒初醒

·小语·

　　寒露是二十四节气中第一个带"寒"字的节气,也是秋季第二个以露水为名的节气。带"露"的两个节气中,白露是炎热向凉爽的过渡,而寒露则是由凉爽向寒冷的挺进。

　　"九月节,露气寒冷,将凝结也。"此时寒意更深,秋意渐浓。"九月寒露白,六关秋草黄。"鸿雁南飞,菊有黄华,又是一年寒露时。

　　菊是寒露的主角,是秋天的象征。东晋田园诗人陶渊明的"采菊东篱下,悠然见南山"是秋菊咏叹调中的翘楚。此外,在中华传统文化中还把梅兰竹菊并称为"四君子"。菊花经历风霜、高风亮节的气质,成为君子之气的人格象征。

　　重阳登高自古以来都是中华传统文化的一种特征。"凝光悠悠寒露坠,此时立在最高山。"亲近自然,秋游登高,远眺赏景。让我们不负韶华,在人生路上勇攀高峰,唱响生命欢愉的音符。

花糕

袅袅凉风动，凄凄寒露零。寒露节后，天气由凉爽向寒冷过渡，集天地之精气的露珠，像一粒粒豌豆，挂在草茎上、树叶上，圆润饱满，晶莹剔透，摇摇晃晃，放出微微的寒光。此时，昼夜温差大，秋收、秋种的农事也基本临近尾声。忙碌了一年，稍稍得有空闲，在绝美秋景之中，人们登高观秋色、赏菊尝蟹黄，尽享秋日的快意。

寒露时节，秋景最佳，此时最宜登高。金秋的山峦层林尽染，漫山红叶如霞似锦、如诗如画。天高云阔，登高远望，在秋日中舒展筋骨，开阔心胸，陶冶心性。除了登高观景外，赏菊也是此时的雅事。菊花凌霜怒放，品性高洁，寒露时节正是最佳花期。"不是花中偏爱菊，此花开尽更无花。"到了这个时节，百花开罢唯菊最芳，飒飒秋风中依然美而挺拔。此时赏菊是赏菊花的"风骨"。除观赏外，喝菊花茶、饮菊花酒也不少见。菊花酒被称为"长寿酒"，此时饮菊花酒祈愿健康长寿。

寒露时节，正是螃蟹肥美时。国人早在魏晋时期，就有寒露吃螃蟹的习俗。亲朋小聚，品美酒，尝蟹黄，实乃人生快事。到了宋代，人们把吃蟹、饮酒作为金秋的必然饮食习俗。

天津人在此时，最喜宁河七里海河蟹。《畿辅通志》中记载：雍正四年（1726年），朝廷派怡亲王（就是民间热度极高的康熙第十三子胤祥）

来到七里海检查水利，见水道又浅又狭，于次年派专员负责开挖宁车沽河，由淮渔淀（今七里海畔的淮淀村）起至北塘口，长四十里。据说，怡亲王到七里海时，品尝了当地人用河蟹制作的神秘美食后，顿感味道鲜美，便将此献给雍正。雍正品尝后赞不绝口，如获至宝，下令将它编入御膳食单中……这道美食就是七里海河蟹面。七里海河蟹面以正宗的宁河特产——七里海野生河蟹为原料，蟹黄丰厚，蟹肉甘甜，口感极佳。做面时，厨师使用传统工艺提取蟹黄、榨取蟹汁，辅以用鲜蛋和精制面粉加工而成的面条，配上佐料，下锅烹煮。待完成后只见面上浮着一层蟹油，粗细均匀、柔软光滑的面条上点缀着金黄的蟹黄，配上碧绿的香菜，一股鲜香味随着热气袅袅升起，这正是"碗中无整蟹，入口全蟹香"。如此人间至味，难怪会让人念念不忘、赞不绝口了。

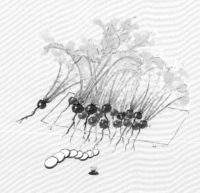

当茱萸遇上重阳

唐代诗人王维在《九月九日忆山东兄弟》中写道:"独在异乡为异客,每逢佳节倍思亲。遥知兄弟登高处,遍插茱萸少一人。"为什么要在重阳节之日登高插茱萸呢?茱萸要插在哪里?所插茱萸是山茱萸还是吴茱萸呢?

重阳节与茱萸的关系,最早见于神话志怪小说《续齐谐记》中的一则故事——汝南人桓景随费长房学道。一日,费长房对桓景说,九月九日那天,你家将有大灾,破解办法是叫家人各做一个彩色的袋子,里面装上茱萸,缠在臂上,登高山,饮菊花酒。九月九日这天,桓景一家人照此而行,傍晚回家一看,果然家中的鸡犬牛羊都已死亡,而全家人因外出而安然无恙。于是茱萸"辟邪"便流传了下来。今世人九月九日登高饮酒,妇人带茱萸囊,盖始于此。

在晋代周处《风土记》中有"九月九日折茱萸以插头上,避除恶气而御初寒"的记载。到了唐代,这个习俗盛行,杜甫在《九日蓝田崔氏庄》里写道:"明年此会知谁健,醉把茱萸仔细看。"

重阳插茱萸其实同端午节喝雄黄酒、插菖蒲的作用差不多,目的在于除虫防蛀。因为过了重阳节,就是十月小阳春,天气有一段时间回暖；而在重阳节以前的一段时间内，秋雨潮湿，秋热也尚未退尽，衣物容易霉变，此时疾病容易流行。茱萸有小毒、有除虫作用，制茱萸囊的风俗正是这样来的。这也反映了我们祖先具有"治未病"的科学思想。

一般具有祛疫辟秽作用的中药，都具有浓郁的芳香气味，例如艾叶、菖蒲、藿香等。作为辟邪祛疫的茱萸，理应具有香气。吴茱萸来自芸香科，植物及果实都具有香气，而来自山茱萸科的山茱萸却没有什么香气，由此推断，重阳节插的茱萸应该是吴茱萸！

《中国药学大辞典》解释，茱萸南北皆可，入药以"吴地"为佳，所以又称吴茱萸。所谓的"吴地"，即历史上的吴国。《神农本草经》中记载："吴茱萸主温中下气，止痛，咳逆寒热，除湿血痹，逐风邪，开腠理。"《本草纲目拾遗》还记载吴茱萸有"杀恶虫毒，牙齿虫匿"之功效。

山茱萸是我国传统中药材，以去核后的果肉入药，有补肝肾、涩精气、固虚脱的功效，多用于治眩晕耳鸣、腰膝酸痛、阳痿遗精、遗尿尿频、大汗虚脱等症。

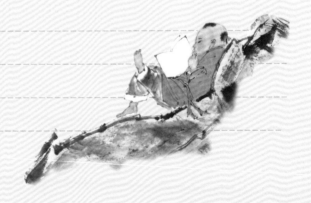

寒露三候：初候鸿雁来宾，二

候雀攻大水为蛤，三候菊有黄花

寒露节气的养生要点是养阴防燥、润肺益胃。同时，要避免因剧烈运动、过度劳累等耗散精气津液。室内要保持一定的湿度，注意补充水分，适当吃些含水分高的水果。此外，还应重视涂擦护肤霜等以保护皮肤，防止干裂。

🍲 寒不露脚　浴足暖身

常言道："寒露脚不露。"寒露过后，气温逐渐降低，不要经常赤膊露身以防凉气侵入体内，足部保暖格外重要，因为脚离人体的心脏最远，而负担最重，再加上脚的脂肪层很薄，保温性能差，容易受到冷刺激的影响。可每天晚上用热水泡脚，使足部的血管扩张、血流加快，减少下肢酸痛发生，缓解疲劳。

🕯 薄厚搭配　谨防急病

寒露过后，要注意防寒保暖，逐渐增添衣服。秋天适度经受些寒冷有利于提高皮肤和鼻黏膜耐寒力，但更要注意防寒保暖。换季衣服别换得太快，最好厚薄搭配，以保暖为主。同时，还应随时备好急救药品，防止因气温骤降而引发哮喘、中风、心肌梗死等疾病。

🥢

寒露节气宜滋阴润燥(肺)。在此时，应多食用芝麻、糯米、粳米、蜂蜜、乳制品等柔润食物，同时增加鸡、鸭、牛肉、猪肝、鱼、虾、大枣、山药等以增强体质。

寒露后，气温明显下降，不宜多食过于寒凉的食物，如西瓜、香瓜、生黄瓜、绿豆等；少食辛辣之品，如辣椒、生姜、葱、蒜类。

霜降 *First Frost*

寒凝成霜 柿柿竹橙

山行

杜牧

远上寒山石径斜　白云生处有人家

停车坐爱枫林晚　霜叶红于二月花

小语

霜降，是秋季最后一个节气。《月令》说："九月中，气肃而凝，露结为霜矣。"时至霜降，天气渐冷，预示着秋天向冬天的过渡。

"昨夜一场霜，寂寞在秋红。"随着天气的变化，秋霜凋零了世间万物，也把草木点染得绚丽多彩。春鸟、夏蝉的欢叫仿佛还在耳畔，严霜一落，倏忽已是"霜降鸿声切，秋深客思迷"的晚秋时节。大自然中的红枫菊黄仿佛是最美的请柬，让我们置身这场多姿多彩的晚秋盛宴。

深秋如金，红叶烂漫；云远天阔，鸿雁南归；登高远望，万山红遍。虽然天气转冷，但大自然却赋予这个时节最美艳也最温馨的色彩，唐代诗人杜牧的千古名句"霜叶红于二月花"正是此情此景的感喟。

"涧松寒转直，山菊秋自香。"此时，枫叶正红，菊花正放，妆点秋景真颜色。五谷丰登，粮米入仓。秋，就是以多彩的姿态昭示着成熟，积蓄着力量迎接冬月。

138

大旺製衣

螃 蟹

霜降碧天静，秋事促西风。霜降时节，万物毕成，阳下入地，阴气始凝，天气渐寒。霜降是秋季最后一个节气，天气由"凉"转"寒"，时节也从季秋步入孟冬。

霜降自有肃杀之气。古人多悲秋，悲秋之情多与霜降有关。欧阳修的《秋声赋》是这方面的代表作。"霜降杀百草"，花草凋谢，落叶飘零，虫鸟匿迹，人们也加厚了衣裳。林黛玉在《葬花吟》中有一句"风刀霜剑严相逼"，表达了她在封建大家族中寄人篱下、渴望自由的情感心绪，我们抛却其感情因素，单用来形容寒秋的严酷氛围，倒是入木三分的。任何事物都有其两面性，在悲秋的同时，一些哲人却能从一片肃杀中看到积极的另一面。比如，刘禹锡的"自古逢秋悲寂寥，我言秋日胜春朝"；杜牧的"停车坐爱枫林晚，霜叶红于二月花"；李师广的《菊韵》"秋霜造就菊城花，不尽风流写晚霞"…… 他们的诗句，都有自己独到的见解，传递了积极的进取精神。

严霜无情却也促生新景，骤降的温度让漫山秋叶迅速变白，成为秋日最绚烂的美景。此时人们喜欢登山观赏红叶。北京人赏红叶最喜欢去西山，西山观红叶也是霜降时的重要活动，如果因事错过，总会让人牵挂遗憾一年。天津人观秋色则去蓟州盘山，堪比江南秀美的盘山，在秋日则显出绚烂壮美，明代王衡有诗赞曰："红叶乱流如谷转，碧峰交叠与林稠。"青山得红叶点缀更添一分雍容华丽，让人流连忘返。

霜降有美景可看，也有美食可享。在山东地区，有句农谚"处暑高粱，白露谷，霜降到了拔萝卜"，所以山东人霜降的时候爱吃萝卜。因为霜降以后，早晚温差大，露地萝卜如不及时收获将出现冻皮等情况，影响萝卜品质和收成。不少地方也有吃牛肉的习俗，例如广西玉林，这里的居民习惯在霜降这天，早餐吃牛肉炒粉，午餐或晚餐吃牛肉炒萝卜，或是牛腩煲之类的食物来补充能量，祈求在冬天里身体暖和强健。

天津人眼中深秋的美食则是糖炒栗子。霜降时节，街口路边飘来阵阵糖炒栗子香甜的气味，引得人们纷纷驻足，排队也要吃到这甘甜的美食。天津的栗子大多产自蓟州盘山和周边的承德、唐山等地，其色金黄，其味香甜，其质绵软，炒制后不粘壳，吃起来不粘牙。除了栗子，天津人还喜欢吃新下树的柿子，柿子也是以盘山所产居多，不仅味美、营养价值高，还可以润肺防寒护脾胃。

在深秋初冬，吃着秋天的果实，想着春夏的灿烂，念着远方的亲人……栗子与柿子的清甜，是很多人心中最难忘记的味道。

"五美"菊花

菊花,是节气之花,在霜降前后开花。又名,"黄华""寿客"。因为和重阳节临近,古时亦称九九重阳节为"菊花节"。

中国菊花文化的内涵尽在屈原、陶渊明和文人墨客的诗画境界中,特别是三国时期的钟会,从菊花的形状、颜色、花期、气候、利养生方面提炼出菊花的五种美德——黄华高悬、纯黄不杂、早植晚登、冒霜吐颖、怀中体轻。直到唐宋,菊的主要用途为食用和药用,而非观赏。

《荆州记》载:"南阳郦县北八里有菊水,其源旁悉芳菊,水极甘馨。谷中有三十家,不复穿井,仰饮此水,上寿百二十三十,中寿百余,七十者以为早夭。"生活在这里的村民,常年饮菊花水均得高寿,究其原因,可能是菊花富含的活性物质经雨水浸渍流入潭内之故。难怪隐居田园的陶渊明爱菊如命,每逢重阳佳节必以菊花当酒菜,"满手把菊",欣然就酌,大醉乃归。不独陶令如是,李白、杨万里等大诗人亦有此好,他二人笔下的"携壶酌流霞,搴菊泛寒荣"和"但接青蕊浮新酒,何必黄金铸小钱"便是明证。

菊花,味甘苦,性微寒,归肺、肝经,有除风散热、平肝明目、清热解毒等功效,确有较高的医疗养生价值。其花、根、茎皆可入药。《神农本草经》把菊花列为"养命"的上品。李时珍《本草纲目》载:"其苗可蔬,叶可嚼,花可饵,根实可药,囊之可枕,酿之可饮,自本至末,罔不有功。"农村中有人喜欢将野菊花晒干做枕芯,谓之"菊花枕",据说枕之芳香宜人,醒来脑清目明。

古人不仅制菊花酒,而且以菊入馔,诸如菊花糕、菊花饼、菊花饭、菊花粥、炸菊花,以及菊花火锅等。菊花在中国有3000多个品种。全国很多地方都出产菊花,"贡菊"产自安徽黄山,"亳菊"出自安徽亳州,"怀菊"产自河南焦作。此外,产自浙江嘉兴、桐乡的多是茶菊,产自浙江海宁的多是黄菊,此二者统称"杭菊",特别是"杭白贡菊"泡制的茶很出名,饮之不但清心爽神、利气生津,其色、香、味还能给人一种美的享受。

霜降三候：初候豺乃祭兽，

二候草木黄落，三候蛰虫咸俯

养生

霜降养生首先要重视保暖，其次仍要防秋燥。此时运动量可适当加大。此时节，昼夜温差变化增大，因此要注意添加衣服，特别要注意脚部和胃部保暖。最好养成睡前用热水泡脚的习惯。

淡补少盐　药膳增益

霜降应平补。因此，在霜降时节饮食应尽量保持清淡，尤其不要在食物中放太多的盐。谚语，"补冬不如补霜降"。比起冬天的进补，霜降时节的秋补会更有效果。用肥硕的鸭和鲜香的羊肉在煲汤时最好加上党参、当归、熟地和黄芪四味中药，更能增进调养效果。

适当运动　保暖护膝

外出登山、欣赏美景的时候，一定要注意保暖，尤其要保护膝关节，切不可运动过量。膝关节在遇到寒冷刺激时，血管收缩，血液循环变差，往往使疼痛加重，在天冷时应注意保暖，必要时要戴上护膝，尽量减少膝关节的负重。

饮食宜多样且适当，粗细要搭配，油脂要适量，甜食要少吃。食盐要限量，三餐要合理，饮酒要节制。宜多食富含抗氧化及清除机体自由基和清除胃肠道有害物质的食品。推荐：甘薯、豆腐、白菜、牛奶、胡萝卜、苹果、柚子、葡萄、橘子、凤梨、海带、紫菜、黑豆、黄豆、绿豆、赤豆、小米、栗子等。

避免寒邪入侵，少食生冷寒凉之物。忌吃油煎炸食物。

 立冬 *Winter*

万物潜藏 远望饺子

·小语·

立冬

宋 紫金霜

落水荷塘满眼枯　西风渐作北风呼

黄杨倔强尤一色　白桦优柔以半疏

门尽冷霜能醒骨　窗临残照好读书

拟约三九吟梅雪　还借自家小火炉

　　冬者，终也。立冬之时，万物终成，故为立冬。《说文解字》上说："冬，四时尽也。"从这一天起，冬天来了。在古代，立冬与立春、立夏、立秋合称"四立"，是一年之中最重要的节气。

　　我们还未来得及欣赏金秋的美景，树上的叶子已变黄，脚下的落叶一片瑟瑟之声。此时，天地之间一片苍凉寂静。"万物秋霜能坏色，四时冬日最凋年。"在落叶纷飞之时，走进初冬，怀一抹淡然心境，笑看人生；以云淡风轻姿态，面对人生。古人讲的"玄冥之境"，就是借用冬季的寒冷空寂来提醒我们：人源于自然、归于自然。

　　西晋文学家陆机通过"历四时以迭感，悲此岁之已寒"感慨四季轮回、时令交替。立冬是秋与冬相交的日子，所以要吃"饺子"，交好运。"细雨生寒未有霜，庭前木叶半青黄。小春此去无多日，何处梅花一绽香。"

　　冬，是终结，更是开始。

羊肉汤

天水清相入，秋冬气始交。浓秋尚在踟蹰徘徊，冬已经迫不及待地来了。立冬，天气渐冷，草木凋落，进入一年之中闭藏休养的时序。

立冬是"四节八气"中的大节，古代皇帝在立冬之日要亲率文武百官至京城北郊，举行隆重的迎冬之礼和祭祀仪式，地方官员也要进行祭祀活动，迎接冬天的到来。

古人迎冬不仅在于祭祀，也体现在衣食住行的日常中。立冬日宰杀鸡鸭或用猪肉炖煮食用最为常见，既是庆祝丰收也是喜迎冬日来临，有的人家还会在肉里加入中药材，用以进补。在山西和陕西地区，立冬日盛行吃面饧糕，用小黄米和黍子面，包上豆沙馅先蒸后炸，香甜美味；在闽南，立冬日要用糯米、白糖、花生粉等做麻糍糕食用；苏州传统风俗在立冬时吃咸肉菜饭；潮汕人讲究在立冬日吃甘蔗；无锡人在立冬这天流行吃团子。

在老天津卫有俗语"立冬补冬，补嘴空儿"。人们一年劳作辛苦，立冬这一天要美美地吃一顿好饭食。20世纪六七十年代，渤海湾的毛蚶产量达到高潮，每年春秋两季，毛蚶成了最火热的鱼汛。据滨城学者刘翠波回忆，当年仅天津汉沽一地，毛蚶产量竟然达到5000多吨。当那些打鱼拉毛蚶回来的渔船靠岸，人们在码头和渔船间搭上桥板，然后两个人一副担用大筐往下抬，一干就是几个钟头。抬筐的人们来来往往，满载的渔船空了,海边蚧子场上的蚧子堆成了小山包。当年生产队为了把收获的毛蚧加工成蚧子干,想了很多办法,其中之一就是分到每家每户,按蚧子的肥瘦定回收的蚧子肉的数量,按斤数给加工的人家一些报酬。那时加工一斤蚧子肉几分钱,虽然收入不算多,但能贴补家用,许多人家更看中加工后截留下来的多余的那部分蚧子肉,把它们馇成蚧子酱或腌成咸蚧子,冬天时当饭菜吃或是送给亲戚朋友。

立冬的好吃食在天津人看来,必须是饺子。天津俗话:"立冬不端饺子碗,冻掉耳朵没人管。"天津人的饺子馅很有讲究,立冬的饺子要吃倭瓜馅的。倭瓜是北方一种常见的蔬菜,经过长时间晾晒,瓜肉已糖化,在立冬这天做成饺子馅,跟大白菜有异,再蘸上醋,嚼蒜吃,别有一番滋味。蚧子馅饺子风味别具一格,一口咬下去,鲜香、弹牙,为海鲜淡季增添别样鲜味。天津人立冬的饺子营养美味,也饱含着季节变换、时光更替的滋味。

"帝王树"银杏

秋末冬初,银杏树便披上片片扇形金甲,犹如威武的大将军昂首于天地间。银杏树受到中华世人的钟爱,唐代诗人王维曾作诗咏曰:"文杏栽为梁,香茅结为宇,不知栋里云,去做人间雨。"宋代大文豪苏东坡有诗赞曰:"四壁峰山,满目清秀如画。一树擎天,圈圈点点文章。"

银杏树不仅高大威严,颇具仪像,而且还是长寿树木,树龄超千年的银杏不在少数。贵州长顺"中华银杏王"树围16.8米,树高50余米,每年结果实3000多斤,据鉴定,该树树龄达4700多年。四川青城山天师洞有一株老银杏,公认树龄超过1800年了,树围2米多,当地人都说这棵银杏树是张天师亲手种植的。西安市罗汉洞村观音禅寺的银杏树,据说是唐太宗李世民亲手栽种,距今已有1400多年的历史,被国务院列入古树名木保护目录。北京潭柘寺有一棵被称为"帝王树"的大银杏,相传这棵树是唐代贞观年间栽种的,是清代乾隆皇帝御封的。该树树龄绵长,形态威仪,风骨清奇,颇受历代帝王钟爱,故有"帝王树"的美称。天津也有两株银杏树——盘山天成寺两棵高大挺拔的银杏树,如同威武的护寺卫士,屹立于天成寺庭院

立冬

两侧。

银杏树又名白果、公孙树、鸭掌树，起源于中生代，经历了第四纪冰期后，仅存于我国，对古生物研究具有重要的科研价值，素有"活化石"之称。

银杏性平，味甘苦涩，有小毒，入肺、肾经。明代《本草纲目》中记载："银杏熟食温肺益气，定喘嗽，缩小便，止白浊，生食降痰消毒、杀虫。"清代名臣张璐著的《本经逢源》中载：白果有降痰、清毒、杀虫之功效，可治疗疮疥疽瘤、乳痈溃烂、牙齿虫蛀、小儿腹泻、赤白带下、慢性淋浊、遗精遗尿等症。银杏白果具有抑制真菌、抗过敏、通畅血管、改善大脑功能、延缓老年人大脑衰老、增强记忆力、治疗老年痴呆症和脑供血不足等功效，而银杏叶提取物则对治疗冠心病、心绞痛和高脂血症有明显的效果。

银杏，寿龄绵长，仪态优美，寓意坚韧沉着，气质华贵清雅。别名为鸭脚的银杏叶，一柄二叶，扇形叶面，代表着阴阳调和，极具中华文化的精髓。

151

立冬三候：初候水始冰，二候地

始冻，三候雉入大水为蜃

立冬养生应顺应自然界闭藏之规律，以敛阴护阳为根本。在精神调养上要做到控制情志活动，保持精神情绪的安宁，含而不露，避免烦扰，使体内阳气得以潜藏。

早睡晚起　衣着适当

从立冬节气开始，要坚持早睡晚起，日出而作。适当早睡，起床时最好等太阳升起，阳气升发时再起床，以保证充足的睡眠。

衣着太厚太薄都不宜，衣着过少过薄、室温过低，容易感冒又耗阳气；反之，衣着过多过厚，室温过高则腠理开泄，阳气不得潜藏，寒邪易于侵入。所以，一定要注意根据温度适当增减衣物。

冬令进补　少食生冷

立冬是进补的最佳时期，民间素有"立冬补一冬"的说法。冬令进补能提高人体的免疫功能，不但使畏寒的现象得到改善，还能调节体内的物质代谢，最大限度地贮存于体内。在冬季应少食生冷，但也不宜燥热，应有的放矢地食用一些滋阴潜阳、热量较高的膳食为宜，同时也要多吃新鲜蔬菜，以避免维生素的缺乏。

除了时蔬外，可适当吃些如甘薯、马铃薯等薯类，因为它们均富含维生素，有一定的清内热、护肾阳的作用。白萝卜、胡萝卜、豆芽等可合理搭配。羊肉、狗肉、鸡肉也可以提供立冬进补的优质蛋白。

立冬后应少吃生冷、燥热的食物，像西瓜、葡萄、螃蟹、虾、各种烧烤等应少吃。

小雪 *Light Snow*

小语

　　小雪，是二十四节气中的第二十个节气，"小雪气寒而将雪矣，地寒未甚而雪未大也。"这是古籍《群芳谱》中对小雪的概括。

　　节气是有灵性的。"久雨重阳后，清寒小雪前。"小雪到了，裹挟着寒意的朔风和降水便如约而至。过去，北方的这个时节，人们要忙着储存大白菜，民谚有"立冬萝卜小雪菜（白菜）"的说法，如今，"白菜豆腐"还是我们很多人健康饮食所青睐的"平安菜谱"。

　　"花雪随风不厌看，更多还肯失林峦。"节气的流转，最容易引人感慨年华似流水。天地寂静，白雪将至，有人觉得冷清寂廖，也有人看到生命中的美好，就如宋人诗中所写，"小雪未成寒，平湖好放船。水光宜落日，人意喜晴天。"

　　小雪将至，愿我们每个人都能抱璞归本，安生过个冬日，不张扬、不喧哗，各安其位，勿扰他心。

糍粑

小雪节气,气温走低。冬雨在飘落的过程中,遇冷变作雪花,满天纷飞,却无法落地。落到地面,即刻融化成水,空气中的寒冷抵消不了地气的温热,小雪时节的地气蕴含着温热,越冬的作物依然保持着一丝生机。

"寂寥小雪闲中过,斑驳轻霜鬓上加。算得流年无奈处,莫将诗句祝苍华。"这是唐人徐铉孤寂一人在家过小雪节气的感受。诗人对生命的态度是豁达的。

小雪时节,北方很多地区天气转冷,农事收尾,作物冬藏。山东有民谣:"小雪收葱,不收就空。萝卜白菜,收藏窖中。"河南有谚语:"小雪地封初雪飘,幼树葡萄快埋好,冬闲积粪备春耕,庄稼没肥瞎胡闹。"广西有节气歌:"小雪收完莫要歇,冬翻冬种仍大忙;麦豆油菜冬小麦,力争三造多打粮。"……

冬日节气的习俗中,关于吃的占比很大。"小雪杀猪,大雪宰羊"是内蒙古及东北农村的风俗,每到小雪、大雪两个节气,村民们便开始杀猪宰羊准备年货。杀了猪,要用腌酸菜、卤豆腐、宽粉条、沙土豆做一锅烩菜;南京还有"小雪腌菜,大雪腌肉"的谚语;天津人在此时习惯"吃四冬",也就是冬笋、冬瓜、冬菇和冬枣,还有的吃羊肉,在小雪节气补益身体。

冷寒飘雪的冬日里没有什么比支起火锅更幸福的了。三五好友或者家人围坐，幸福的感觉就像火锅沸腾的蒸气扑面而来。

　　不同于西南地区的麻辣鲜香特色火锅，在北方尤其是东北、内蒙古和京津冀鲁地区提到火锅，大抵指的是铜锅涮羊肉。涮羊肉据说始于元代，兴起于清代，早在康熙、乾隆二帝所举办的几次规模宏大的"千叟宴"中就已有羊肉火锅。铜锅涮羊肉选择鲜切的羊肉或牛肉，肉片细薄均匀，再搭配各种新鲜蔬菜，在沸腾的底汤中快速煮涮，再蘸上麻酱、腐乳、韭菜花调的蘸料，鲜香不腻，大饱口福。窗外雪花飞舞，屋内炭火初红，围炉夜话，就是幸福的模样。

食药兼用的连翘

冬季易患感冒，不少治疗感冒的中成药中含有连翘，比如精制银翘解毒片、连翘败毒片等。连翘乍一听不像是草药的名称，更像是一个姑娘的名字。

连翘的名称确实是源于一位姑娘。相传五千年前的岐伯有一个孙女，名叫连翘。一日，岐伯和连翘上山采药，岐伯自品自验一种药物时不幸中毒，口吐白沫，双目直视，病情十分危急，岐伯不停地呼喊连翘。连翘跑了过来，见爷爷中毒严重，自己却毫无办法，情急之下顺手捋了一把身边的绿叶，揉碎后塞进了爷爷的嘴里。片刻后，岐伯慢慢缓了过来，把绿叶咽了下去，并开始恢复知觉，连翘便搀扶着爷爷回到家里。岐伯逐渐恢复健康后，便研究起这种绿叶，发现这种绿叶有较好的清热解毒作用，便给这味药取了孙女连翘的名字。

如故事所言，连翘确有退热的作用。中医认为，连翘性微寒，味苦，归肺、心、小肠经，具有清热解毒、消肿散结的功效，可用于痈疽、瘰疬、乳痈、丹毒、风热感冒、温病初起、温热入营、高热烦渴、神昏发斑，热淋尿闭等症的治疗。由于疗效较好，备受历代医家推崇，广泛用于临床医疗中。据《本草纲目》及有关医药书籍记载，有数十个汤方中含有连翘，民间单方运用连翘的也很多。据唐代陆羽《茶经》和有关资料介绍，连翘的叶子还能制成上等茶叶，具有清热解毒、明目防病的作用，被誉为"长寿茶"。

有趣的是，连翘与迎春花长得十分相像。早春时节，金灿灿的花朵为萧瑟的街头带来生机，很多人认为它是迎春花，但也有可能是连翘哦！其实，人们从花的形态、花期和花瓣数量，就可以轻松地区分它们。从形态上区分迎春花呈灌木丛状，较矮小，枝条呈拱形、易下垂；连翘则呈灌木或类乔木状，较高大，枝条不易下垂。从花期上区分，迎春花从2月就逐渐开放了；连翘则要在3月以后才会开放。最简便的区分方法就是数花瓣，迎春花有6个花瓣，连翘则只有4个花瓣。

小雪三候：初侯虹藏不见，

二侯天气上腾，三侯闭塞而成冬。

小雪节气天气常是阴冷晦暗的，身体内循环正处于阴盛阳衰的阶段。此时节的养生重点是益肾藏精，安神养志。

运动适度 避免着凉

冬季锻炼不可少，适量的运动可增强身体抵抗力，抵挡疾病的侵袭。冬天寒冷，人的四肢较为僵硬，锻炼前热身活动很重要，如伸展肢体、慢跑、轻器械的适量练习，使身体微微出汗后，再进行高强度的健身运动。衣着要根据天气情况而定，以保暖防感冒为主。运动后要及时穿上衣服，以免着凉。

通经活血 养肾防寒

冬季养肾至关重要。介绍一个既有效又简捷的方法——揉按"太溪穴"。

"太溪穴"是肾经上的原穴。取穴时，可采用正坐，平放足底或仰卧的姿势，太溪穴位于足内侧，内踝后方与脚跟骨筋腱之间的凹陷处。也就是说在脚的内踝与跟腱之间的凹陷处，双侧对称。揉按的最佳时间是在晚上 9 点，用手指按揉 30 下。按揉时一定要有酸痛的感觉为好。

热量补充要吃些动物性食品和豆类，补充维生素和无机盐，牛羊肉、大豆、核桃、栗子、木耳、芝麻、红薯、萝卜、橘子、猪肝、羊肝、莴苣、醋、茶等。

忌食黏硬生冷和过咸的食物，如动物血、海鲜、花椒、韭菜等，避免刺激肠胃，引起身体不适。

大雪

瑞雪娆冬 围炉夜话

问刘十九
雪·白居易
绿蚁新醅酒 红泥小火炉
晚来天欲雪 能饮一杯无

小语

　　大雪，顾名思义，飞雪入户，玉树琼枝，民谚有"小雪封山，大雪封河"的说法。冬季第三个节气大雪的到来，也标志着仲冬时节的开始。

　　古往今来的文人墨客大钟情于大雪纷飞的意蕴，"独钓寒江雪""风雪夜归人""雪花大如手"……积雪，好像一条奇妙的地毯，铺盖在大地上，越冬的小麦在积雪的护佑下隐隐蓄力，转年的好收成指日可待。所以，我们中国人都有"瑞雪兆丰年"的美好向往和期盼。

　　"夜深知雪重，时闻折竹声。"大雪时节，泥炉汤沸，炭火初红。邀三五知己，围炉夜话。古谚有"大雪羊肉可劲补，来年开春可打虎"的说法，此时来一顿热气腾腾的涮羊肉，便进入了"晚来天欲雪，能饮一杯无"的惬意生活。大雪之后，万物生机潜藏。人们要适应"春生、夏长、秋收、冬藏"的自然规律，保暖护阳，养精蓄锐，待来年万物复苏生长之时，再以昂扬的精神去迎接"拂堤杨柳醉春烟"的美好春天。

红烧鱼

大雪,是二十四节气中的第二十一个节气。古人云:"大者,盛也,至此而雪盛也。"到了这个时候,雪往往下得最大,范围也最广。时节至此,雪盛而冬趣浓。

无论大人小孩,有种情结叫盼雪。"忽如一夜春风来,千树万树梨花开。"大地纯洁壮美得令人动容,高山、低谷、丘陵、田畦、沟壑、房舍,小水库与池塘,层次分明高低不平的白,银装素裹的纯,使矜持的人也免不了萌动童心,表现出少有的躁动与欢欣。遇上可喜的雪景,可以堆雪人、打雪仗,在雪中打猎与追逐,推开柴门围炉热语,谈论来年光景,生活一下子就从庸常现实跨越到了理想之境。

这是造就大众艺术家的季节。平素憨厚木讷的人,冬闲时一下子成了生活的多面手。随便走到哪一家,都能碰上手工制作者,优雅娴熟地把粮食加工得精美绝伦。开始印粑崽了,粑模上有花或鱼的图纹,花有菊、桃、梅与牡丹,鱼则塑形不一,都是张了小嘴要与人接吻的样子,可边吃边欣赏。粑崽在甑上蒸熟,晒干,可一直从隆冬贮存到来年正月前后。荡粉皮,打豆腐,煎油干,炒花生、豌豆、蚕豆、玉米,做油面,一件件都饱含着主妇的爱,是贴着心想让全家人吃得丰盛甜美。仅以"抵半年粮"的红薯为例,人们把它刨成薯丝、切成薯片、打成薯粉、漏成粉丝、做成薯粉块,再进一步制作成包坨,想尽心思发挥粮食的作用,升华粮食的灵魂,享受粮食的美。山里农妇都是被生活打磨出来的美食家、发明家、艺术家。

这个节气的谚语大多妙趣横生。"大雪纷纷落,明年吃馍馍。""大雪到来大雪飘,兆示来年年景好。""大雪半融加一冰,明年虫害一扫空。""雪盖山头一半,麦子多打一石。""冬雪消除四边草,来年肥多虫害少。"……这些朗朗上口的农谚不仅通俗易懂,而且预测出来年的农业和农事,那是劳动人民对丰年的希冀。

此时的天津有一份独特又滋补的佳品——银鱼。早在清代,诗人崔旭在《津门百咏》中曾写道:"正是雪寒霜冻后,晶盘新味荐银鱼。"天津临海近水,河海二鲜聚集,除了常见的牛羊肉外,大雪前后吃银鱼最为滋补。

天津卫俗语:"两条银鱼一锅汤,一家汆银鱼,百家闻着香。"天津银鱼,是渤海湾特产,与太湖银鱼不同。每年初冬时节,在近海岸边咸水中生长至七寸多长、二两余重、鲜肥满籽的银鱼,成群结队逆流进入海河产卵。上溯至海河尽头的三岔河口时,已是薄冰初复,也正是渔民收获之时。此时的银鱼,通体无鳞,蜡白如玉,肉嫩刺软,腹内纯净不见脏腑,眼圈为金色。这些尤物别说吃,捧在手心细细观察就不算暴殄天物了。

陈皮与橘红

当"保温杯里泡枸杞"成为一种养生时尚,陈皮也悄然成为了养生新贵。有一种中药橘红,虽然它和陈皮的原料都是橘皮,但它们是同一种中药材吗? 相互可以替代吗?

橘红与陈皮虽然都取自橘子的皮,但两者也有明显的不同之处。大家都知道,橘子的皮内侧有一层白色的橘络,如果将这层白色橘络去掉,仅保留表面的皮,加工制成后的药材就称之为橘红。反之,如果保留这层白色橘络,加工制成后的药材就称之为陈皮。简单地说,有没有橘络,就是陈皮与橘红原料构成上的最大区别。

陈皮与橘红的功效也不尽相同,二者均有化痰的功效,但橘红不仅可以起到燥湿化痰的作用,而且其功效比陈皮更强,并能缓解咳痰以及恶心呕吐等症状,兼具解表散寒功效,可用于风寒感冒、咳嗽痰多的患者。陈皮虽然化痰功效不及橘红,但兼有理气和中、健脾消食的功效,可用于脾胃虚弱、消化不良者。

橘皮入药历史悠久,而其橘肉、橘核、橘络也都有药用价值,可以说,橘子全身都是宝。

中国是橘子的重要原产地,有四千多年的栽培历史。古籍《禹贡》记载，四千年前的夏朝，江苏、安徽、江西、湖南、湖北等地就已经有柑橘产出，而早在两千多年前的战国时期，著名诗人屈原就有《橘颂》名篇。

橘子的营养丰富，一个橘子几乎能满足人体每天所需的维生素C的量，对身体极为有益。橘子还极具药用价值，中医认为，其味甘酸，归肺、胃经，具有润肺生津、开胃、理气和胃、醒酒的功效，主治消渴、呕逆、食欲不振、胸膈结气。

橘瓣，其味甘酸，性凉，具开胃理气、止咳润肺、解酒醒神之功，主治呕逆食少、口干舌燥、肺热咳嗽、饮酒过度等症。其中所含的"诺米林"物质还有明显抗癌作用，可预防胃癌。

橘核，性微温，味苦平，可理气、散结、止痛，对睾丸胀痛、疝气疼痛、乳房结块胀痛、腰痛等有疗效。

橘络，味甘苦平，有行气通络、化痰止咳之功，主治痰滞经络之胸胁胀痛、咳嗽带痰或痰中带血等症。橘络煎汤可用于酒伤口渴，泡茶饮服可用于咳嗽胁痛。

大雪三候：初候鹖鴠不鳴，二候
虎始交，三候荔挺生

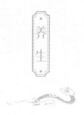

大雪养生，要在"藏"字上下功夫。冬日驱寒滋补，增强身体素质，除了外在保暖，更需要内在食补。

多喝温水 摄入充足

隆冬之际，多喝水可养阴。但是不要一次喝过多的水，200毫升左右就可以；同时，最好能保证一天的饮水量在1800毫升以上，剩下的在饮食中摄取就足够了。此外，在运动过后，也不要喝凉水，以免因为外界天气寒冷加之凉水刺激，引起应激反应。另外，尽量增加室内湿度，如果室内空气太干，可在暖气上搭一条湿毛巾，或使用加湿器。一般来说，冬天室内的湿度在30%至60%之间比较适宜。

头部保暖 汇聚热量

保暖强调的是头部。头部的血管密集，耗氧量大，热量散发也多。研究发现，静止状态下不戴帽子的人，在环境气温为15℃时，从头部散失的热量占人体总热量的30%。从中医角度来说，头为"诸阳之汇"，也是应该重点做好保暖的部位。

🈚 大雪节气适宜多吃些御寒温性食物，但又要防干燥上火，所以清热滋补食物也不可忽略。可以多喝点热粥等宜消化的软食，推荐大蒜、胡萝卜、牡蛎、莲藕、大白菜、雪菜等。

🈚 不宜吃凉饭、硬饼等食物。忌食辛辣，因为一则食多宜出汗，出汗后如果吹了寒风，身体会有不适；二则冬季气候干燥，食多宜上火。

冬至 Winter Solstice

冬至阳生 迎福践长

和李十二舍人冬至日
第·姚合
献寿人皆庆 南山复北堂
从今千万日 此日又初长

　　冬至, 又称冬节, 也叫大冬, 是中国人心中一年里最重要的节气之一。冬至这天, 日短至极, 寒气逼人。

　　"气始于冬至。"古人认为, 此时阳气由衰转盛, 正所谓"冬至一阳生, 天时转日长"。

　　冬至恰是补阳的最佳时机。在这一天, 民间有"吃羊肉补气""吃饺子不冻耳朵"的说法。

　　从冬至起, 每隔九天作为一个"九", 共81天, 之后便进入春天。古人用"画九"的方式挨过漫漫冬日, 把无趣过成有趣, 这便是"迎福践长", 有迎接长久福气的寓意。我们的人生, 何尝不是苦尽甘来。"君子重其然, 吾道自此亨。"在岁月轮回的每一个日子里, 珍惜和亲人们在一起的幸福时光, 心会跟爱一起走, 温暖相伴度寒冬。

风物

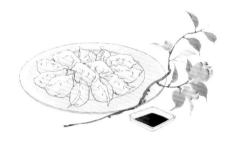

饺子

在中国人的生活中，冬至不仅是一个节气，更是一个十分重要的传统节日。俗话说"冬至大如年"。早在宋代，冬至这一天人们要"过节"，既要举行神圣的仪式祭祀祖先，还要准备丰盛的节日物品宴饮娱乐。实际上，古代曾经将冬至所在的月份奉为"天正"，冬至也长期被视为与新年媲美的人文节日，被称为"亚岁""冬节""长至节"。

在上古时期，冬至就是新年，人们将冬至作为年度循环的起点。后世冬至节俗中的许多内容，都源于对这一时节的特殊感受。很多地方要举行隆重的庆贺仪式，人们穿戴华丽，携伴出行，热闹非凡。为了庆贺冬至，那些平日里忙忙碌碌的店铺也要闭店三天，一起"做节"，休息娱乐。这一天除了举行庆贺仪式之外，人们还有数九习俗。冬至是数九的第一天，人们相信只要数满九九八十一天，"九尽桃花开"，那时寒冬已过，将是满眼明媚的春光。"消寒图"有多种做法，《天津志略》上记载了天津"消寒图"的涂法："上阴下晴，左雾右风，中黑为雪。"圈涂完了，数九也结束了。冬至这一天也是一年中最冷的日子，旧时的小孩总是找一堵向阳的墙，靠着墙面玩"挤油"游戏，边做口中边唱着儿歌："挤挤油，挤出汗，身上像穿火龙丹。"在寒冷的冬天，孩子们玩得畅快淋漓，真能挤出一身汗，一轮被冻得发抖的太阳好像也被他们挤暖了，将温柔的暖意洒向人间。

除了绘"消寒图"，天津冬至也有吃馄饨之俗。清同治《续天津县志》："绘消寒图，食馄饨。"俗语也说："冬至馄饨夏至面。"相传汉代时匈奴部落不断骚扰汉境，百姓不得安宁，尤其对浑氏和屯氏这两个凶残的匈奴首领痛恨入骨，于是用面皮将肉馅包成角儿，起名馄饨（谐音"浑屯"）吃下。因为食用那天是冬至，从此冬至吃馄饨就成为惯例流传下来。如今每逢冬至日，天津人一般吃饺子。

极寒的冬至前后，已经没有了应季的水果。青萝卜成了天津人茶余饭后的消遣，脆甜爽口，开胃通气。天津卫有"冬吃萝卜夏吃姜"的说法。吃的萝卜要选正宗的沙窝萝卜。沙窝萝卜，又称天津卫青萝卜，有"沙窝萝卜赛鸭梨"的美誉，因原产于西青区辛口镇小沙窝村周边而得名，已有600多年种植历史。沙窝萝卜绿如翡翠，落地即碎，生吃清脆，甜辣爽口。每年8月开始种植，12月采摘，立春后收毕，可生可熟、可荤可素，是津门冬季餐桌不可或缺的美味。天津人爱萝卜，可能是这甜微辣的口感和掉在地上裂八瓣的脆生劲儿符合天津人的脾气，所以就有了"沙窝的萝卜——嘎嘣脆"的歇后语，也有了马三立先生相声里的"萝卜就热茶"的段子。

"天时人事日相催，冬至阳生春又来。"吃过冬至饺子，尝过爽脆萝卜，人们就开始熬冬了。冬至已至，新春不远，前方的春天在牵引着人们的目光，寄托着人们对来年的希望和祈盼。

福胶益身

"小黑驴,白肚皮,粉鼻子、粉眼、粉蹄子,狮耳山上来啃草,狼溪河里去喝水,永济桥上遛三遭,魏家场里打个滚,冬至宰杀取其皮,制胶还得阴阳水。"这是在山东省济南市平阴县东阿镇自古流传的制作阿胶的歌谣,而这里也是阿胶及阿胶文化的发祥地。

阿胶的历史最早见于两千多年前《神农本草经》的"生东平郡……出东阿"。东阿王曹植初到东阿镇时,体瘦羸弱,后因常食阿胶,精神焕发,故感念而作《飞龙篇》:"授我仙药,神皇所造。教我服食,还精补脑。寿同金石,永世难老。"诗中所指的仙药,就是东阿镇出产的阿胶。

阿胶是以驴皮经漂泡去毛后熬制而成的胶块。中医认为,阿胶味甘、平,性微温,无毒,入肝、肾、肺三经。主治心腹内崩、腰腹痛、四肢酸疼、女子下血、安胎、虚劳羸瘦、阴气不足、脚酸不能久立,养肝气,久服轻身、益气。现代药理研究表明,阿胶具有促进造血、增强免疫、抗辐射损伤和抗休克功能,能提高耐缺氧、耐寒冷、抗疲劳能力,增加钙的摄入量,对肌肉萎缩有预防和改善作用,有增强智力、加速生长发育、延缓衰老等作用。

阿胶声名日隆，是因为帝王宫室的推崇，历史上不仅有唐太宗"官封其井"、杨贵妃"暗服阿胶"等故事，还有影响了清朝的子嗣国祚。清咸丰年间，宠妃兰贵人（后来的慈禧太后）患血症，御医久治无效，束手无策。时任户部侍郎上书推荐东阿镇邓氏树德堂阿胶后，兰贵人服后病愈，并于咸丰六年（1856年）生得一子，即后来的同治皇帝。咸丰皇帝心情大悦，御赐"邓氏树德堂"堂主三件礼物：四品官服黄马褂、出入宫廷的手折子和御笔书写的"福"字，所产阿胶被封为"贡胶"。

　　"贡胶"也称"御方"，须采用敞口熬胶技艺，历经九道提纯，经过180天超长制作周期，浊气散尽，胶香浓郁。因其制作周期长、工艺复杂、产量极小，所以得到一方优质的"贡胶"难能可贵。位于中国阿胶祖源地——山东东阿镇的福胶集团的非遗传承人恢复了"贡胶"的制作工艺，用"御方1856"让更多的人享用到"贡胶"。

冬至三候：初候蚯蚓结，二候麋角解，三候水泉动

冬至养生要调整体内平衡、顺应自然。总体上，要注意躲避寒冷、适当运动、多多休息、心情平稳，养护自身内刚刚生发的弱小阳气，使其利于以后的生长繁盛。

🍲 冬至进补 切忌盲目

冬至进补不仅能调养身体，还能增强体质，提高机体的抗病能力。但是，进补并非只是吃大量的滋补品，一定要有的放矢，通常可分为四类：补气、补血、补阴、补阳。

补气：红参、红枣、白术、黄芪和五味子、山药等；补血：当归、熟地、白芍、阿胶、首乌和十全大补膏等；补阴：白参、沙参、天冬、鳖甲、冬虫夏草、白木耳等；补阳可选用杜仲、韭菜籽和"十全大补酒"等调补。

🔥 调摄肾阳 冬至"三藏"

冬至养生应以养精蓄锐、休养生息为主，做好"三藏"。首先要节欲保精，不能过度进行房事，使身体处于疲劳状态，在运动上要避免大量出汗和激烈运动等；其次要心神调和，不要熬夜；最后要控制情绪，不能过分喜怒哀乐。

🍚 饮食宜多样，谷、果、肉、蔬合理搭配，适当选用高钙食品。宜清淡，宜食温热之品保护脾肾，吃饭宜少食多餐。

🍲 不宜吃浓浊、肥腻的食物。应注意"三多三少"，即蛋白质、维生素、纤维素多，糖类、脂肪、盐少。饮食保持八分饱。

小寒 *Lesser Cold*

红梅暗香　花信始来

早梅

唐·齐己

一树寒梅白玉条　迥临村路傍溪桥

不知近水花先发　疑是经冬雪未销

小寒时节，是一年之中最冷的时候，民谚中有"小寒大寒，冻成一团"的说法。但是，小寒大寒毕竟不是一对孪生兄弟，小寒要冷于大寒，"冻成一团"之中，还是有温差之别的。

"寒来暑往，秋收冬藏"，"寒"与"暑"相对。与"暑"一样，"寒"也是一种感觉，看不见、摸不着，为了表达这种感觉，古人造字时煞费苦心。"寒"字上面是"宀"，表示"房屋"；中间是蜷缩的"人"；人的上边是"草"，下面是水。这些文字符号的叠加，便将抽象的寒冷顿时具象化了。

《吕氏春秋》上说，"风不信，则其花不成。"风是守信的，到时必来，所以叫花信风。花信风从小寒开始吹，有二十四番。小寒到谷雨，四个月，八个节气，有二十四候，每个候对应着一个花信风。花儿们次第绽放之时，就愈来愈接近腊八节，小寒近腊日，喝腊八粥、泡腊八醋，民间有"过了腊八就是年"的说法。喜鹊筑巢，稚鸟欢鸣，伴随着瑞雪霁景的小寒已透出春的生机。

178

四时悠然

LEISURE IN THE
FOUR SEASONS

八宝饭

"小寒时处二三九，天寒地冻冷到抖"，小寒与冬季"数九"中的三九相交，处于一年之中最为寒冷的时节。在北方有"小寒胜大寒"一说，有些地方小寒节气甚至比大寒更冷，此时天寒地冻、河流冰封，人们也常常窝在家中"猫冬"。

唐代诗人元稹在《小寒十二月节》中写道："小寒连大吕，欢鹊垒新巢。拾食寻河曲，衔紫绕树梢。霜鹰近北首，雏雉隐聚茅。莫怪严凝切，春冬正月交。"这首小寒诗，元稹依然是集气候、物候、农事活动及生活民俗于一体，且情景交融、音韵悠扬，读来颇具画面感。"大吕"出自成语"黄钟大吕"，指音律中的十二律，黄钟和大吕分别是阳律和阴律的第一律。十二律还指代历法中的十二个月份，大吕正好对应十二月。小寒节气往往恰在此月中，故称"小寒连大吕"。接下来写的是小寒的三候：一候雁北乡（向），二候鹊始巢，三候雉始鸲，鸟类对天地间的阴阳之气变化是最为敏感的。从冬至开始，天地间的阴气虽已达到极盛，但同时也是阳气复生的开始。"莫怪严凝切，春冬正月交。"三九严寒又何妨，因为离春天正月已经不远了。小寒之际，首先想到的不是大寒，而是春天，诗人积极向上的生活态度可见一斑。

小寒大寒，准备过年。进入小寒一般就进入了腊月，古时候到这时，人们已经要为过年做准备了。据《风俗通》记载："腊者，猎也。因猎取兽祭先祖，或者腊接也，新故交接，狝猎大祭以报功也。"可以看出，"腊"
就是打猎，用打来的野兽或自己养的家禽进行祭祀。小寒往往和腊八临
近，在青海，腊八有献冰吃冰的习俗。此时天寒地冻，河床坚冰如铁，天
亮前人们便到河床取来如白玉水晶似的冰块，供献在粪堆、地头、庭院中
心、槽头棚圈中、果树枝杈上，以示来年雨水充足，风调雨顺。

　　冬季餐桌上总是少不了白菜的身影。白菜，有"百姓之菜"和"百菜
之王"的说法，不是珍馐，却是百姓冬季餐桌上不可或缺的蔬菜。一棵大
白菜能由根吃到梢儿，从立冬吃到春分，整个冬季，没有其他任何一种蔬
菜能够像大白菜一样在北方人的生活里不可替代。"拨雪挑来踏地菘，味
如蜜藕更肥醲。"宋代范成大的这首《田园杂兴》就是专门盛赞冬日白菜
之美味的。

　　白菜还曾是我们记忆中颇具年代感的符号。在20世纪六七十年代，
立冬过后，天津人都要购买大白菜以备过冬。人搬车
拉，覆以保暖之物存于窗前门边，也是一景。冬储大
白菜关乎百姓餐桌，是那个时代连市长都要过问的
大事。

　　白菜最朴实，能在严冬之中让百姓吃出安心和踏
实的滋味。不起眼，但不可或缺，白菜如此，生活也
是如此。

世间奇卉是佛手

佛手为一种果实，又名佛手柑、五指橘、五指香橼。浙江金华是中国佛手的核心产地，人们习惯称之为金佛手。佛手形体很有特点，状如人手，先端开裂，分散如手指，拳曲如手掌，故名佛手。

佛手有"四德"，花白为洁，果金为福，味苦为仁，香清为智。春季开花，秋季果熟，有"指佛手"和"拳佛手"两类。其色金黄，清香宜人，数月之内色、香、形不变，是盆景珍品和优良药材。

金佛手形态优雅、色泽金黄、香气独特，同时具有极高的药用价值。金华佛手是药食同源的，素有"果中之仙品，世间之奇卉"的美誉。金华佛手具有唯一性，是中国独有的物种，只有金华佛手具有如此漂亮的形状和特殊的芳香。

金华佛手果实似花非花、似果非果；形如观音玉手，或似力士拳头。佛手与"福寿"同音，寓意吉祥，经常出现在江南地区古建筑和历代文人诗画中。

佛手可吃，鲜果微苦，可将佛手丝制茶为"金袍银丝"，佛手丝可煮可泡，有疏肝理气、健脾和胃等功能。佛手的根、茎、叶、花、果均可入药，具有极高的药用价值。《中国医学大辞典》这样描述佛手：

"清香袭人，蜜渍可食，专破滞气。"据《中国药典》记载："佛手味辛、苦、酸，性温，入肝、脾、胃、肺四经，有疏肝理气、和胃止痛、燥湿化痰之功效。"

现代医学研究表明，佛手具有丰富的临床应用价值。据《现代中药药理与临床应用手册》记载，佛手具有平喘、祛痰、调节心脑血管系统、抗炎、抗氧化等作用，现已应用到肝癌、功能性消化不良、病毒性心肌炎、慢性胃炎等临床中。

不仅如此，佛手能散发出一种特殊的香味，持久不散。因此人们常常将它作为清供置于房间，和一丛幽兰、一盆水仙一样，成为人们增添生活情趣和装点美好家园的吉祥奇卉。同时，佛手的香气优雅清新，具有提神解郁之功效。《浮生六记》中说："佛手乃香中君子，只在有意无意间。"

南方还有一种叫佛手瓜的青绿色果蔬，营养丰富，口感脆甜，既可成为餐桌佳肴，又能当水果生吃。佛手、佛手瓜都为我们送来了美好吉祥的新年祝福。

小寒三候：初候雁北乡，二候鹊

始巢，三候雉始鸲

小寒养生要以收敛、固护本源、防寒补肾为主。饮食上食用一些温热食物以补益身体，防御寒冷气候对人体的侵袭。起居上一定要注意保暖。

食腊八粥 补气养血

腊八节一般都在小寒里，腊八粥确实为滋养身体的不二之选。传统腊八粥的做法是用黄米、白米、江米、小米、菱角米、栗子、红豇豆、去皮枣泥等合水煮熟，外用染红桃仁、杏仁、瓜子、花生、松子及白糖、红糖、葡萄干等作为配料。通常只需要取其中的数种熬粥即可。腊八粥有益气生津、养脾胃、治虚寒、补气养血的功效，很适合在小寒节气中食用。

中药泡脚 驱寒助眠

中医认为"血遇寒则凝"，所以小寒养生做好驱寒非常重要。很多人在这个时候最明显的感觉就是脚凉，即所谓寒从脚下起。中药泡脚，可以用当归、红花、鸡血藤等中药材放于锅中煮水，每天倒入温水中泡脚。泡脚之后可以用5分钟揉搓足心涌泉穴，可以收到较好的驱寒效果，还可以促进睡眠。

🔵 小寒多食具补脾胃、温肾阳、健脾化痰、止咳补肺的功效的食材。狗肉、猪肉、鸡肉、鸭肉、鳝鱼、甲鱼、鲅鱼和海虾、核桃仁、大枣、龙眼肉、芝麻、山药、莲子、百合、栗子等都是不错的选择。

🔵 少食性质过于寒凉的中药，如金银花、薄荷、连翘等，以免伤脾胃阳气。忌各种寒凉食物，如绿豆、绿豆芽、柿子等。

大寒 *Greater Cold*

玄冬穷岁 腊尽春回

咏廿四气诗·大寒十二月中

唐·元稹

腊酒自盈樽　金炉兽炭温

大寒宜近火　无事莫开门

冬与春交替　星周月讵存

明朝换新律　梅柳待阳春

·小语·

　　大寒,即冷到极点,是农历二十四节气中的最后一个节气。此时,我国大部分地区处在一年之中最寒冷的时期。寒气逆极,又是一春。

　　尽管是数九寒冬、冰天雪地,此时也会有花信传来。特别是傲霜斗雪的蜡梅花,不惧严寒风雪,"已是悬崖百丈冰,犹有花枝俏。""墙角数枝梅,凌寒独自开"。无论是哪种颜色的梅花,凌冬怒放,都在向人们传递着春天的气息。

　　大寒一过,春回在望。从立春到大寒,二十四节气走过了春夏秋冬,人们在大自然生生不息的轮回中感受着生命的节律。

　　天寒地冻,生命萌动。清代诗人张维屏在《新雷》诗中为我们描绘了即将来临的春天,"造物无言却有情,每于寒尽觉春生。千红万紫安排著,只待新雷第一声。"春天的芭蕾翩翩起舞,新的一年即将来临。

　　岁月不居,时节如流。爆竹声中辞旧岁,蜡梅笑里迎春光。让我们一起不疾不徐、温暖前行,共同迎接又一个喜庆团圆的中国年。

四
时
悠
然

LEISURE IN THE

FOUR SEASONS

腊八粥

冬至一阳初生后，阳气逐渐强大，由下而上，经小寒至大寒，才彻底将寒气逐出地面。"大寒为中者，上形于小寒，故谓之大……寒气之逆极，故谓大寒。"一年以春始，以寒终，大寒是二十四节气的最后一个节气，大寒在岁终，冬去春来，大寒一过，春气萌动，又开始新的一个轮回。

春节多在立春前后，大寒一到年味渐浓，人们开始忙着除旧饰新，打扫庭院，准备年夜饭。所谓"大寒迎年"，就是大寒至农历新年这段时间，民间会有一系列活动，归纳起来至少有十大风俗，分别是："食糯""纵饮""做牙""扫尘""糊窗""腊味""赶婚""趁墟""洗浴""贴年红"。旧时大寒时节的街上，可以经常看见人们争相购买芝麻秸，因为"芝麻开花节节高"。除夕夜，人们将芝麻秸撒在行走的路上，供孩童踩碎，谐音吉祥意"踩祟"，同时以"祟""岁"谐音寓意"岁岁平安"，讨得新年好头彩，这也使得大寒驱凶迎祥的节日意味更加浓厚。

大寒这天，广东有吃糯米饭的习俗。家家煮一锅香糯米饭，拌入腊味、虾米、干鱿鱼、冬菇等，迎接传统节气中最冷的一天。安徽安庆则有大寒炸春卷的习俗。南方部分地区每到大寒还有做尾牙祭习俗，全家围坐一起"食尾牙"。其实，现代企业流行的"年会"即是尾牙祭的遗俗。

老北京有大寒一家人分吃年糕的习俗，寓意驱散寒意、祈愿吉祥，称为吃"消寒糕"。"消寒糕"除了暖身散寒、润肺健脾的保健功效外，还取

"年高"谐音，希望吉祥如意、年年高升。

大寒时节，北方人还有冰嬉之俗。冰嬉作为北方人民一项传统的体育活动，其由来已久。据《宋史·礼志》记载，当时的皇帝就喜欢冰上的娱乐活动，在后苑里"观花，作冰嬉"；明朝时，冰嬉就被列为宫廷体育活动；清朝则是中国古代冰嬉发展的黄金时代。据《日下旧闻考》记载："冬月则陈冰嬉，习劳行赏，以简武事而习国俗云。"乾隆皇帝还特令宫廷画师绘制许多以此为主题的图画。

在重视节庆民俗的天津人心中，"腊八"一直被视作农历新年的"前奏"。喝腊八粥、泡腊八醋则是天津卫过"腊八"的重要内容。天津卫的腊八粥颇为讲究，熬粥要加莲子、百合、大麦仁、桂圆肉、红枣等20余种物料，讲究色香味俱全。在寒冷的腊八这一天，喝着香甜味美、热气腾腾的腊八粥是件幸福感"爆棚"的事。在老天津卫，不仅要给自家人熬制腊八粥，还有熬腊八豆粥赊给别人喝的"老例儿"。通过赊粥，寓意人与人之间广结善缘。"腊八"这天泡腊八醋也是一个重要的习俗。天津人对泡腊八醋的原料也很有讲究。蒜要用天津本地的"四六瓣"紫皮蒜，醋要用已有300多年历史的国家级非物质文化遗产——静海天立独流老醋，才能满足颇为"嘴刁"的天津人对腊八醋的要求。

药之"国老"——甘草

在中草药的家族中，甘草地位特殊，可以调和诸药，素有"十方九草""无草不成方"之说，甚至西药中也有提炼和使用，所以人们在日常生活中也经常能看到含有甘草药品的身影，比如秋冬咳嗽经常用到的甘草片等。

甘草入药历史悠久。《神农本草经》中将其称为"美草"，列为药之上品。南朝医药学家陶弘景将甘草尊为"国老"，并言："此草最为众药之主，经方少有不用者。"李时珍在《本草纲目》也有论述："诸药中甘草为君。"甘草是解毒良药，能调和众药，故称"国老"。

陶弘景喜用甘草，他的药方中几乎都有甘草。有不懂医道的病人问："难道甘草能治百病吗？"陶弘景说："甘草性情甘平补益，能缓能急。"入药方中对一些性情猛烈或懒缓的药物，可以起到监之、制之、敛之、促之的作用。在不同的药方中，可为君为臣，可为佐为使，能调和众药，更好发挥药效。在药方中，甘草是"和事佬"，也像国家的"国老"。

甘草调和诸药之性还有一则故事。据明代陆粲《庚巳编》记载：御医盛寅一天早晨刚走进御药房，突感头痛、眩晕，随即昏倒不省人事。由于病来得急，众人束手无策。有一位民间医生闻讯后，自荐为盛寅治病，随手取中药甘草浓煎后为其服下，没多久，盛寅苏醒了，众人颇感惊奇。这位民间医生解释道，盛御医因没吃早饭进了药房，胃气虚弱，未能抵御药气薰蒸，中了诸药之毒，故而昏倒。因为甘草能调和诸药之性、解百药之毒，因此，盛御医服用甘草水后便苏醒了。

甘草，性平，味甘，归心经、胃经、脾经、肺经，有补脾益气、止咳祛痰、缓急定痛、补气解毒、调和药性之功效。甘草除了当配角调和诸药外，还有着自身独特的功效。在四君子汤、炙甘草汤、甘麦大枣汤等名方中，甘草都是发挥主导作用的。此外，甘草还可用做食品、烟草、日用化工等方面的原料和添加剂。甘草主要生长在半荒漠地区，地下根系极为发达，还会起到很好的防风固沙作用。

大寒·迎斗
乙酉隆冬於津

大寒三候：初候鸡始乳，二候
鸷鸟厉疾，三候水泽腹坚

大寒节气阴消阳长，养生重在宁心定神，不宜过度操劳。要注意防寒，注意室内外温差不要过大，室内经常通风换气，调理好饮食，最好每天用冷水洗脸、热水洗脚，以提高免疫力。

 多食三冬 迎接新春

大寒时节人们的饮食偏于高热量、高脂肪，可食用"三冬"来平衡。"三冬"就是冬瓜、冬枣和冬甘蔗。需要注意的是，"三冬"性凉，一次不要吃太多，也不要生吃，可做菜、做汤或煮粥。

此外，大寒进补的食物量应逐渐减少，多添加一些具有升散性质的食物，以适应春天万物的升发。如在吃温补的肉类时，不宜再多吃生姜、大葱等辛散的食物。

调适情绪 消除烦闷

冬季易使人身心处于低落状态。改变情绪低落的最佳方法就是活动，比如快走、慢跑、跳绳、踢毽子等都是消除冬季烦闷、保养精神的好方法。大寒时节的运动还应注意循序渐进和运动强度，不宜过度激烈，避免扰动阳气。

可选择具有升散平和的食材，如猪肉、牛肉、羊肉、鸡肉、虾、山药、鹌鹑、圆白菜、胡萝卜、核桃、芝麻、牛奶等。多饮用炖汤和羹。

不可过食生冷、寒凉之品，如鸭蛋、鸭血、田螺、螃蟹、香蕉、柿子、柚子、西瓜、梨、苦瓜、荸荠、绿豆、海带、绿茶等。

后记

　　中华优秀传统文化博大精深、源远流长，二十四节气文化是其中杰出代表。经过两千多年的传承演进，二十四节气文化作为中华文化的瑰宝，被国际气象学界誉为"中国的第五大发明"。

　　作为媒体人，我对中华优秀传统文化一直无比热爱、深感自豪，尤其对二十四节气文化有着特别的兴趣与情感。从2019年开始，我在《城市快报》《每日新报》上相继策划主编了有关二十四节气文化主题的专刊，包括"四时之美""启新""四时风物""四时佳兴"，系统展现二十四节气文化特有的魅力和时节轮转之美。这本小书就是这四年来，我所编撰的二十四节气相关各类文章的集萃。

　　二十四节气文化包罗万象，资料浩如烟海，幸得多位前辈老师指点帮助，才有此小成。在此，我特别感谢北京师范大学社会学院教授、中国民俗学会副会长萧放先生，北京师范大学哲学社会学院教授强昱先生，北京师范大学社会学院贺少雅老师，以及我在北京师范大学学习时的同窗好友，中国民俗学会插花专业委员会主任、北京林业大学文化与自然遗产研究院研究员郑青女士，在本书的编写过程中给予的指导、帮助和热情推荐。

　　同时，我也要感谢南开大学东方艺术系教授、文化和旅游部国家非遗项目专家评委陈聿东先生为本书作序；中医文化学家、北京中医药大学国学院创院院长张其成先生，著名禅学家、陕西师范大学文学院教授吴言生先生为本书倾情推荐。

　　春花秋月，风物人情，节气有属于自己的独特之美。在此特别感恩美术教育家、著名书画家、天津美术学院教授霍春阳先生欣然为本书题写书名。为呈现节气之美，本书得到两位天津知名画家——天津美术学院李旺教授和天津画院签约画家、天津商业大学艺术学院梁健老师的支持，倾心创作专属二十四节气的系列画作，为本书增色添彩。同时也要感谢天津书画篆刻名家梁旭华老师、津派铜印名家王少杰先生为本书创作的专属书法和印章。

在本书编辑出版过程中，还得到了天津人民美术出版社副总编辑、编审李耀春先生，天津日报资深审校刘儒斌老师以及田露、初茹青等好友的无私相助。中医书画家王连宏先生，中国民俗学会插花专业委员会专家委员会副主任刘冬梅女士，书画鉴定家何纯先生，滨城学者刘翠波先生对本书亦有帮助，在此一并表示谢意。

感谢知己，感恩缘分。与节气文化结缘，和诸位师友投缘，而我心中还有念兹在兹的敦煌情缘，敦煌在我心中有着极重的分量。不仅因为那些提升帮助过自己的师长和敦煌有着千丝万缕的缘分，更因为敦煌瑰丽、博大而神秘的存在，体现着诗与浪漫的悠远。这次和敦煌文艺出版社牵手正是这缘分使然，使我对大美敦煌更添向往。

"能追无尽景，始见不凡人。"在我从事传媒工作二十年之际，以此小书献给二十四节气文化。让我们一起跟随四时的脚步，去领略时节之美、感受节气之魅。

张 治 写于渤海之滨

癸卯年立春之际

微信扫码 看视频

☙ 观看【二十四节气故事】，邂逅中华传统文化。

☙ 学习【二十四节气养生】，传承中医养生智慧。

☙ 品读【二十四节气诗词】，感受四季流转之美。

更有【本书介绍视频】【精选好书推荐】
带你踏上一场文化之旅！